国家出版基金项目
NATIONAL PUBLICATION FOUNDATION

有色金属理论与技术前沿丛书

青藏高原岩石圈力学强度与深部结构特征

LITHOSPHERIC MECHANIC STRENGHT OF TIBET AND ITS IMPLICATIONS FOR DEEP STRUCTURE

陈 波 柳建新 陈 超 著
Chen Bo   Liu Jianxin   Chen Chao

中南大学出版社
www.csupress.com.cn

CNMC   中国有色集团

图书在版编目（CIP）数据

青藏高原岩石圈力学强度与深部结构特征/陈波，柳建新，陈超著.
—长沙：中南大学出版社，2017.3
ISBN 978 - 7 - 5487 - 2728 - 6

Ⅰ.青... Ⅱ.①陈...②柳...③陈... Ⅲ.①青藏高原－岩石
圈－岩石力学－研究 ②青藏高原－岩石圈－岩石结构－研究
Ⅳ.P587.2

中国版本图书馆 CIP 数据核字（2017）第 044156 号

青藏高原岩石圈力学强度与深部结构特征
QINGZANGGAOYUAN YANSHIQUAN LIXUEQIANGDU YU SHENBUJIEGOU TEZHENG

陈 波 柳建新 陈 超 著

□责任编辑	刘石年　胡业民
□责任印制	易红卫
□出版发行	中南大学出版社

社址：长沙市麓山南路　　　邮编：410083
发行科电话：0731 - 88876770　　传真：0731 - 88710482

□印　　装　长沙鸿和印务有限公司

□开　　本	720×1000　1/16　□印张 8.25　□字数 154 千字
□版　　次	2017 年 3 月第 1 版　　□印次　2017 年 3 月第 1 次印刷
□书　　号	ISBN 978 - 7 - 5487 - 2728 - 6
□定　　价	40.00 元

内容简介 / Introduction

　　为了及时总结"资源与灾害探查"湖南省高校创新团队的研究成果,柳建新教授组织团队中部分从事电(磁)法和深部地球物理研究的骨干人员,撰写了《地球物理计算中的迭代解法及其应用》《直流激电反演成像理论与方法应用》《大地电磁贝叶斯反演方法与理论》《频率域可控源电磁法三维有限元正演》《便携式近地表频率域电磁法仪器及其信号检测》《东昆仑成矿带典型矿床电(磁)响应特征及成矿模式识别》《青藏高原东南缘地面隆升机制的地震学问题》和《青藏高原岩石圈力学强度与深部结构特征》共 8 本专著,集中反映团队最新的相关理论与应用研究成果。

　　本书首先介绍了青藏高原—喜马拉雅构造带的深部结构和岩石圈变形、岩石圈均衡、岩石圈力学强度研究进展等相关研究背景,然后详细阐述了基于地形和重力异常谱研究岩石圈力学强度的原理和方法,包括基于挠曲模型的均衡响应函数、挠曲变形解算、导纳法、相关法和 Fan 小波谱分析技术等,开展了平板模型和椭圆模型的正、反演模拟实验。利用最新卫星重力数据和高精度地形数据,采用 Fan 小波谱相关法估算青藏高原—喜马拉雅构造带的岩石圈有效弹性厚度的空间分布,进而采用各向异性的Fan 小波获得了青藏高原东南缘地区各向异性的力学强度。结合已有的地质和地球物理资料,综合探讨青藏高原深部结构和变形隆升的动力学机制等问题。

　　本书可供重力学和地球动力学等相关研究人员和高等院校相关专业师生使用,也可供地震局、国土资源等部门专业人员参考阅读。

作者简介

About the Author

陈　波，女，讲师，1985 年 9 月生，2004 年进入中国地质大学（武汉）地球物理与空间信息学院地球探测与信息技术专业学习，先后获得学士和博士学位。2013 年进入中南大学地球科学与信息物理学院从事博士后研究。2016 年入选中南大学"升华猎英"计划。自 2007 年以来，一直从事卫星重力学、地球动力学、青藏高原形成与演化等研究。

柳建新，男，博士，教授，博士生导师。1962 年 5 月出生，1979 年考入中南矿冶学院应用地球物理专业。现为中南大学地球科学与信息物理学院副院长、新世纪百千万人才工程国家级人选、教育部新世纪优秀人才支撑计划获得者、教育部青年骨干教师、湖南省"121"人才、"地球探测与信息技术"学科带头人、湖南省有色资源与地质灾害探查重点实验室主任、中国有色金属信息物理工程研究中心主任、湖南省第九、第十届政协委员，兼任湖南省地球物理学会理事长、中国地球物理学会海洋专业委员会常务理事、中国地球物理学会工程专业委员会理事、湖南省第二届知识分子联谊会常务理事、《地质与勘探》编委、《物探化探计算技术》编委、《工程地球物理学报》编委。长期从事矿产资源勘探、工程勘察领域的理论与应用研究，在深部隐伏矿产资源精确探测与定位、生产矿山深部地球物理立体填图、地球物理数据高分辨处理与综合解释、工程地球物理勘察等方面具有稳定的研究方向并取得了大量的研究成果。

陈　超，博士，教授，博士生导师，1982 年毕业于原武汉地质学院，曾在荷兰国际空间测量与地球科学学院、美国堪萨斯大学进修、访问与合作研究。研究方向：重、磁资料处理和三维反演方法理论；精密重力监测与时变重力理论及应用；地球及行星岩石圈特征；综合地球物理数据解释技术与软件开发。主持和参加了多项国家自然科学基金项目、国际科技合作项目、国家"油气"专项、大洋资源评价、中国地调局新方法试点项目等基础课题，以及油气、矿山资源、矿山灾害等方面应用课题。

学术委员会

Academic Committee

国家出版基金项目
有色金属理论与技术前沿丛书

主 任

王淀佐　中国科学院院士　中国工程院院士

委 员（按姓氏笔画排序）

于润沧	中国工程院院士	古德生	中国工程院院士
左铁镛	中国工程院院士	刘业翔	中国工程院院士
刘宝琛	中国工程院院士	孙传尧	中国工程院院士
李东英	中国工程院院士	邱定蕃	中国工程院院士
何季麟	中国工程院院士	何继善	中国工程院院士
余永富	中国工程院院士	汪旭光	中国工程院院士
张文海	中国工程院院士	张国成	中国工程院院士
张懿	中国工程院院士	陈景	中国工程院院士
金展鹏	中国科学院院士	周克崧	中国工程院院士
周廉	中国工程院院士	钟掘	中国工程院院士
黄伯云	中国工程院院士	黄培云	中国工程院院士
屠海令	中国工程院院士	曾苏民	中国工程院院士
戴永年	中国工程院院士		

总序

Preface

当今有色金属已成为决定一个国家经济、科学技术、国防建设等发展的重要物质基础，是提升国家综合实力和保障国家安全的关键性战略资源。作为有色金属生产第一大国，我国在有色金属研究领域，特别是在复杂低品位有色金属资源的开发与利用上取得了长足进展。

我国有色金属工业近 30 年来发展迅速，产量连年来居世界首位，有色金属科技在国民经济建设和现代化国防建设中发挥着越来越重要的作用。与此同时，有色金属资源短缺与国民经济发展需求之间的矛盾也日益突出，对国外资源的依赖程度逐年增加，严重影响我国国民经济的健康发展。

随着经济的发展，已探明的优质矿产资源接近枯竭，不仅使我国面临有色金属材料总量供应严重短缺的危机，而且因为"难探、难采、难选、难治"的复杂低品位矿石资源或二次资源逐步成为主体原料后，对传统的地质、采矿、选矿、冶金、材料、加工、环境等科学技术提出了巨大挑战。资源的低质化将会使我国有色金属工业及相关产业面临生存竞争的危机。我国有色金属工业的发展迫切需要适应我国资源特点的新理论、新技术。系统完整、水平领先和相互融合的有色金属科技图书的出版，对于提高我国有色金属工业的自主创新能力，促进高效、低耗、无污染、综合利用有色金属资源的新理论与新技术的应用，确保我国有色金属产业的可持续发展，具有重大的推动作用。

作为国家出版基金资助的国家重大出版项目，《有色金属理论与技术前沿丛书》计划出版 100 种图书，涵盖材料、冶金、矿业、地学和机电等学科。丛书的作者荟萃了有色金属研究领域的院士、国家重大科研计划项目的首席科学家、长江学者特聘教授、国家杰出青年科学基金获得者、全国优秀博士论文奖获得者、国家重大人才计划入选者、有色金属大型研究院所及骨干企业的顶尖专家。

国家出版基金由国家设立，用于鼓励和支持优秀公益性出版项目，代表我国学术出版的最高水平。《有色金属理论与技术前沿丛书》瞄准有色金属研究发展前沿，把握国内外有色金属学科的最新动态，全面、及时、准确地反映有色金属科学与工程技术方面的新理论、新技术和新应用，发掘与采集极富价值的研究成果，具有很高的学术价值。

中南大学出版社长期倾力服务有色金属的图书出版，在《有色金属理论与技术前沿丛书》的策划与出版过程中做了大量极富成效的工作，大力推动了我国有色金属行业优秀科技著作的出版，对高等院校、研究院所及大中型企业的有色金属学科人才培养具有直接而重大的促进作用。

2010 年 12 月

前言

Foreword

　　青藏高原—喜马拉雅构造带是全球构造运动和岩石圈变形最活跃的陆-陆造山带。独特的构造特征和现今持续的造山运动使青藏高原—喜马拉雅构造带成为研究岩石圈变形和大陆动力学的天然实验室。尽管开展了大量科学实验和研究，但是目前对青藏高原岩石圈深部结构、地壳增厚和隆升的变形机制等关键动力学问题尚存在不同的认识，这些是地球动力学研究的热点。

　　岩石圈力学强度的空间变化能为研究青藏高原—喜马拉雅构造带的岩石圈深部结构和变形提供重要约束。岩石圈有效弹性厚度(T_e)作为岩石圈综合力学强度的指标，主要反映了岩石圈在长期(10^5年以上)构造载荷作用下抵抗变形的能力，是研究大陆岩石圈大规模构造和岩石圈动力学的有力工具。研究岩石圈有效弹性厚度的空间变化，对于了解具有复杂地质构造和地壳形变的青藏高原—喜马拉雅构造带岩石圈的力学特征、深部结构和变形演化，进而对其动力学机制进行分析至关重要。

　　本书针对目前国内外对青藏高原—喜马拉雅构造带岩石圈力学强度结构研究不足的问题，利用高精度的卫星重力模型和地形数据，采用 Fan 小波谱相关法，获得了青藏高原—喜马拉雅构造带岩石圈 T_e 空间分布特征，并细致地开展了青藏高原东南缘的 T_e 各向异性研究。结合地质、大地测量和其他地球物理资料得到了以下新认识：

　　(1)不同中心波数 $|k_0|$ 的 Fan 小波反演的青藏高原—喜马拉雅造山带 T_e 空间分布趋势基本一致。连续的高 T_e 值分布在克拉通地区，例如印度地盾和塔里木盆地；而低 T_e 值主要分布在青藏高原和中国西南地区。研究发现：青藏高原南部地壳强度低，而岩石圈上地幔强度高，这一特点与印度板块的俯冲相关。在青藏高原中部和北部，T_e 值均较低，表明青藏高原中部和北部大部分地区具有弱地壳和弱地幔，特别是以力学强度弱为特征的东昆仑、阿尔金山和祁连山可能是容纳印度—欧亚大陆汇聚变形的主要地区。

（2）岩石圈力学强度的横向变化指示了岩石圈深部结构的变化，为确定高强度印度板块的俯冲前缘位置提供了一定参考依据。基于T_e的空间变化，本书提出了高强度印度板块向青藏高原俯冲的北部边界模型：在西部地区（70°～80°E），印度岩石圈俯冲前缘可能到达了兴都库什山脉和塔里木盆地的西南边界；中部（80°～87°E）俯冲前缘沿着班公湖—怒江缝合带分布；往东在87°E和93°E之间，俯冲前缘往南移到了雅鲁藏布江缝合带；在东部，印度岩石圈的俯冲可能到达了羌塘地体和松潘甘孜地体东部。

（3）青藏高原东南缘的岩石圈T_e及其各向异性的空间分布特征的研究表明，青藏高原东南缘岩石圈综合力学强度低，且具有显著的力学各向异性，符合地壳流变形模式；东南缘地区的T_e各向异性主要受现今的构造应力控制。由于印度板块的俯冲和刚性的四川盆地的阻挡，青藏高原东南部处在强烈的挤压环境，且岩石圈化石应变场（lithospheric fossil strain）与现今构造应力相关；而低岩石圈强度的云南和印度支那地区（青藏高原东南部以南），由于受到缅甸板块向中国西南地区俯冲的影响，处于拉张环境，T_e各向异性指示了WNW—ESE的拉张应力方向。两个地区可能存在不同的地球动力学机制：即由高原东南部的碰撞后挤压构造环境转变到高原以南的云南地区由于缅甸微板块俯冲导致的弧后拉张环境。

本书得到国家自然科学基金（No. 41404061）、中南大学创新驱动项目（No. 2015CX008 和 No. 2016CX005）和中国博士后基金（No. 2014M552162 和 No. 2015T80888）资助，在此谨表谢意。此外，在本书的撰写过程中，得到了德国波兹坦地学中心 Mikhail Kaban 博士、中国地质大学（武汉）杜劲松博士和梁青博士、中南大学孙娅博士和郭荣文博士等学者的大力支持和帮助，特此感谢。

限于作者水平，书中难免存在不足之处，敬请读者批评和指正。

2016 年 9 月

目录 / Contents

第 1 章　　绪论

1.1　引言

地球岩石圈是指包括地壳和上地幔顶部在内的固体地球的外壳[1]。岩石圈力学强度反映了岩石圈受长期构造加载作用（超过 10^5 年）的响应，是影响岩石圈变形和演化的主要因素之一[2-4]。岩石圈力学强度可以通过有效弹性厚度（The effective elastic thickness，T_e）来量化[5]。岩石圈有效弹性厚度定义为在地球真实的荷载作用下，能产生与实际岩石圈相等的挠曲变形的理论弹性薄板的厚度[6]。从重力异常和地形的挠曲均衡分析获得的岩石圈有效弹性厚度是岩石圈流变强度在时间和深度上的综合反映[2]，其幅值大小表征了岩石圈综合力学强度的强弱。

在大洋中，岩石圈有效弹性厚度受控于 450 ± 150℃ 的等温面，因此大洋岩石圈 T_e 强烈依赖于岩石圈的热结构，并且 T_e 随着加载时岩石圈的年龄增加而增加[6]。与简单的大洋岩石圈不同，大陆岩石圈是不均一、不连续、具有多层结构和复杂流变性质的复合体[1]，其岩石圈有效弹性厚度比大洋岩石圈更为复杂，主要受到岩石圈的成分、构造、热年龄和热结构等因素的综合影响[2]，并且没有特定的地质或物理界面与之对应。

大陆岩石圈有效弹性厚度主要反映了在山脉、冰川、火山和沉积层等载荷作用下，大陆岩石圈抵抗变形的能力，是研究大陆岩石圈大规模构造和岩石圈动力学的有力工具。对 T_e 的研究不仅可以了解一个地区是否经历热重建，提供岩石圈内部的热状态信息，而且 T_e 的横向变化能够揭示岩石圈深部结构特征，探索地球动力学机制和岩石圈内部圈层耦合关系（耦合或解耦）等，是当前大陆动力学研究中的热点。许多学者对欧洲、北美、南美以及非洲等前寒武纪巨型克拉通的岩石圈有效弹性厚度进行了研究，并根据 T_e 的空间横向变化开展了大量关于岩石圈演化及动力学机理的研究与探讨（例如 Banks 等[7]、Zuber 等[8]、Bechtel 等[9]、Pérez – Gussinyé 和 Watts[10]、Audet 和 Burgmann[11]、Mouthereau 等[12]）。

青藏高原 — 喜马拉雅构造带是地球上最年轻的活动造山带，其中青藏高原被誉为"世界屋脊"，在近 300 万 km^2 的区域内海拔高达 5 km，地壳厚度达 80 km，以宏伟的喜马拉雅山、龙门山、祁连山和阿尔金山等为高原边界，与印度克拉通、华南陆块、华北克拉通和塔里木盆地等刚性块体相隔，是全球大陆构造变形和地震活动最活跃的地区，它的形成、演化及隆升机制一直是国际地学研究的热点。一般认为，青藏高原——喜马拉雅构造带是 70 ~ 50 Ma 以来，印度板块与欧亚板块碰撞和持续汇聚的结果[13, 14]。现今，青藏高原西南侧仍受印度板块向北碰撞俯冲，北部受到贝加尔裂谷带的张裂作用及西伯利亚陆块的向南推挤，东部则受到刚性的华北和华南陆块的阻挡。高原及周缘岩石圈变形强烈，深大断裂发育，地震和火山活动频繁，独特的构造特征和现今仍然持续的造山运动使青藏高原——喜马拉雅构造带成为研究岩石圈变形和大陆动力学的天然实验室。

尽管人们开展了大量科学实验和研究，但是对青藏高原——喜马拉雅构造带的深部结构、地壳增厚和隆升的变形机制、地壳和地幔的力学耦合程度以及大尺度地表形变的本质等关键动力学问题目前仍存在不同的认识[14]。为了解释青藏高原——喜马拉雅构造带的变形隆升机制，一些动力学模型被提出，包括：印度大陆向亚洲大陆的下插、亚洲岩石圈南向俯冲于青藏高原之下、厚岩石圈地幔的拆沉和下地壳流等模型。这些岩石圈动力学模型不仅在深部结构上存在差异，而且其对应的岩石圈力学强度也存在显著不同。例如，冷的刚性印度板块下插入青藏高原可能形成强岩石圈地幔，并为地形荷载提供一个有力的支持[15, 16]。此外，不同强度板块的相互作用能造成岩石圈力学强度的显著横向变化。地球动力学模拟[17, 18]表明：在青藏高原内部和周边，强度异向性在确定变形的模式和变形聚集位置中起到重要作用。因此，确定力学强度的空间变化能为研究青藏高原——喜马拉雅构造带的岩石圈深部结构和变形提供重要约束。

本书基于高精度的地形测量和卫星重力模型数据，采用 Fan 小波谱相关法[19]开展青藏高原——喜马拉雅构造带的 T_e 及其各向异性研究。结合地质学、地震学、地壳运动学和岩石圈热力学等研究成果，分析 T_e 及其各向异性横向变化的成因，深入探讨青藏高原——喜马拉雅构造带的岩石圈深部结构、变形模式和壳幔耦合状态等动力学问题，为进一步认识青藏高原隆升和演化提供重要的依据。

1.2 青藏高原深部结构与岩石圈变形

青藏高原——喜马拉雅构造带是由于印度板块和亚洲板块的碰撞形成的[13, 20]。碰撞前，印度大陆和亚洲大陆曾被特提斯洋分隔，碰撞后特提斯洋俯冲到了亚洲板块南部边界之下。自碰撞以来，印度大陆已经嵌入亚洲大陆约 3000 km，使得大量横向物质逃逸和地壳增厚，造就了地球上最高的地貌特征[21, 22]。碰撞过程中约有 1500 km 的南北向缩短量是由地壳增厚的过程来吸收的，形成了平均厚度约 70 km 的青藏高原(两倍于正常地壳厚度)，同时形成了印度板块与西伯利亚板块之间南北约 2000 km、东西约 3000 km 的巨大范围的新生代陆内变形域[20-23]并产生了大量的地质活动产物，如大规模逆冲断裂带、大型走滑断层、广泛的岩浆作用和火山作用、显著的区域变质作用等，使得青藏高原 — 喜马拉雅构造带成为地球上岩石圈变形最强烈的地区之一。

1.2.1　青藏高原岩石圈结构和深部动力学

青藏高原及其周缘岩石圈深部结构和变形隆升的动力学机制一直是地学界研究的热点。20 世纪 80 年代以来，地学界对青藏高原 — 喜马拉雅构造带开展了一系列国际合作的深部地质调查研究和实验[24]，包括：1980—1982 年中法合作的"喜马拉雅地质构造与地壳上地幔的形成演化"研究[25]、1986—1995 年的"亚东 — 格尔木 — 额济纳旗南北地学大剖面"[26-28]、1991—1992 年中美合作的"地壳与岩石层的地震台阵研究计划"（PASSCAL）[29,30]、1992—1998 年中法开展的"青藏高原天然地震台网观测"[31-34]、1992—2008 年中美德加四国合作开展的"喜马拉雅山和青藏高原深剖面及综合研究"INDEPTH I ~ IV[35-40]、2002—2005 年的"穿越喜马拉雅山的地震探测"（Hi – CLIMB）[41]、2008—2012 年"中国深部探测技术与实验研究"SinoProbe[42] 等。这些实验研究包括深地震反射、地震测深、天然地震台阵、宽频及超深大地电磁等调查。研究结果提供了青藏高原内部地壳和地幔区域震相传播、上地幔剪切波各向异性、深地壳和岩石圈结构和变形的新资料。

一些模型也被提出来解释青藏高原 — 喜马拉雅构造带变形和隆升的深部动力学机制[1]，主要包括：①印度板块向亚洲板块的俯冲下插模型[43,44]。第一类观点认为，青藏高原的隆升是由于印度板块向北以低角度俯冲于青藏高原之下，形成双层地壳，在重力均衡作用下进行地壳物质的调整所致[20,45]。第二类观点认为青藏高原的隆升是印度板块以高角度向北俯冲，伴随超高压变质岩的折返所致[46]。②印度板块和亚洲板块的双向俯冲模型[22,38]。③厚岩石圈地幔的拆沉作用[47]；④下地壳流或管道流模型[14,17,48]。

在青藏高原南部，以印度板块向亚洲板块的俯冲下插为主导的模型已得到了大量观测数据和研究的支持。穿过喜马拉雅和青藏高原南部的反射地震研究揭示了喜马拉雅的主要构造，并反映出印度地壳穿越雅鲁藏布江缝合带俯冲到青藏高原地壳内部[35]。剪切波各向异性研究[49,50] 显示：青藏高原中部的羌塘地体存在一个标志印度岩石圈地幔俯冲到羌塘地体中部的宽边界。Owens 和 Zandt[44] 利用 P 波速度推测印度岩石圈以低角度俯冲到青藏高原地壳之下。Kosarev 等[30] 基于远震转换波提出了印度岩石圈向北倾斜插入青藏高原地幔。区域地幔 P 波成像显示：印度板块的俯冲前缘可到达班公湖 — 怒江缝合带附近[51-53]。最近，Nábělek 等[41] 揭示了喜马拉雅主逆冲断裂带从浅部的主前锋断裂向北以低角度插入喜马拉雅 — 青藏高原南部之下，连续延伸 450 km 抵达班公湖 — 怒江缝合带之下的上地幔，证实了沿着喜马拉雅主构造带，印度岩石圈以低角度和长距离（抵达班公湖 — 怒江缝合带）的单向俯冲模式起主导作用。

不同于喜马拉雅中部，在喜马拉雅西构造结地区，印度和亚洲岩石圈双向俯冲明显[1]。地震层析资料[54]揭示：印度岩石圈向北俯冲到兴都库什的地幔500 km深度，亚洲大陆岩石圈向南东俯冲于帕米尔之下300 km深度。而在印度板块俯冲的东端，横穿喜马拉雅东构造结、缅甸弧和三江地区的地震层析剖面[55]揭示，印度岩石圈向东俯冲到喜马拉雅东构造结东侧之下300 km的深度，俯冲于缅甸弧之下500 km深度，这个俯冲结构也得到了区域P波地幔成像结果的支持[52]。因此，不同的地震资料表明：对于喜马拉雅的不同部位可能有不同的俯冲模式[56]。Zhao等[57]利用多条地震观测剖面和接收函数技术发现：印度—亚洲板块的碰撞位置和印度岩石圈的俯冲前缘位置在青藏高原东西方向上也存在较大变化。

由此可见，虽然印度岩石圈向亚洲大陆俯冲模型已得到大量观测数据的印证，但是印度岩石圈在青藏高原南部不同部位的俯冲角度、俯冲深度和俯冲前缘位置仍存在较大分歧，有待进一步资料的证实。

1.2.2　青藏高原东南缘岩石圈变形

青藏高原东南缘位于欧亚板块和印度板块的结合带，汇集了巴颜喀拉、羌塘、冈底斯、喜马拉雅块体和金沙江、澜沧江及怒江断裂带。由于受印度板块向北的碰撞俯冲、缅甸板块向东的碰撞俯冲和东缘刚性扬子陆块的阻挡，青藏高原东南缘成为研究青藏高原整体隆升、变形和演化的重要窗口。

多种动力学模型也被提出来解释现今青藏高原东南缘的物质迁移和岩石圈变形机制，其中最为流行的三大端元模型是：①"刚性块体挤出"模型[22, 58]，该模型认为青藏高原由一系列"微型"刚性块体组成，构造变形主要发生在分割刚性块体的边界断裂上，变形以深大断裂的走滑运动和刚性块体向东南缘的横向滑移为主。②"连续变形"模型[59, 60]，该模型认为岩石圈不是刚性的，连续变形发生在宽广的区域内和岩石圈尺度上。上地壳以脆性变形为主，下地壳和上地幔以黏塑性流变为主，可用连续介质的流变体来描述。③"地壳流"模型[17, 48]，类似于模型②，但该模型强调中/下地壳存在低黏性的弱物质层，以弱物质流的快速塑性流动变形实现青藏高原内部物质的迁移和地壳增厚。

这些模型都得到了部分地质和地球物理观测数据的支持。例如，Shen等[61]研究表明：刚性块体模型不能解释GPS数据显示的绕喜马拉雅东构造结的旋转，不能满足连续变形模式。但是，Thatcher[62]和Meade[63]指出：将青藏高原划分成更多小型刚性块体以不同速度滑移，可以符合GPS数据和断层滑移速率数据。与GPS研究结果不同，地震学研究显示东南缘地壳和地幔均存在显著的低速层[52, 64]和高泊松比区[65, 66]，表明中下地壳可能存在熔融层，这与地壳流模型吻合，但是，低速层和高泊松比的分布区域并不能很好地对应。大地电磁成像研究[67, 68]表明：东南缘深部地壳存在高导低阻层，可能是中下地壳的熔融带（或地壳流）；但是根据有限的观测剖面并不能完全证实地壳流的存在[64]。这些研究加深了我们对青藏高原岩石圈变形机制的认识，然而也表明：现有这些研究的思路与手段难以界定青藏高原的岩石圈变形模式。

另一方面，壳－幔变形的连续性和壳－幔耦合状态也是近年来学者们研究青藏高原东南缘岩石圈变形机制所关注的重点。剪切波分裂（SKS）研究发现 SKS 快波偏振方向在青藏高原东南缘北部主要为 N—S 方向，但在川滇地块的中部（约 26°N）以南，快波偏振方向发生了明显的转折，主要为 E—W 方向，被解释为变形机制发生本质转换[69]。SKS 联合地质、GPS 研究表明：青藏高原东南部壳幔变形是连续的，而云南地区的地壳与上地幔变形不一致，壳幔存在解耦[70, 71]。但是，Wang 等[72]结合 SKS 和 GPS 数据的研究则支持青藏高原及周边壳幔都是力学耦合的，包括云南地区。此外，面波径向各向异性研究[64]显示，该区域地壳和地幔均具有明显差异的面波径向各向异性，暗示了东南缘大部分区域壳幔变形不一致，壳幔可能是解耦的，这一结果与 SKS 和 GPS 研究推断的耦合分布同样存在分歧。由此可见，仅根据现有较少的地震波各向异性、地质和 GPS 等数据难以全面揭示青藏高原壳－幔变形关系及力学耦合状态。

1.3　岩石圈均衡

地球上存在各种形式的荷载，例如地表的造山带、火山、冰盖和沉积层，地球内部的岩浆侵入和地层的逆掩等。在这些各式各样的荷载作用下，岩石圈会相应地进行均衡沉降或隆起。岩石圈均衡响应的特性和程度是局部的或区域的，其快或慢取决于岩石圈自身的热力学性质。这些均衡响应信息对于了解岩石圈内部结构和动力学特征至关重要。

1.3.1　局部均衡和区域均衡

"均衡"这个术语描述了地球内部地壳和地幔趋于静力平衡的状态[6]。最早的均衡模型是基于流体静力学平衡的局部均衡，均衡补偿通过荷载之下的地壳以横向密度变化（Pratt 均衡模型）或常密度增厚变化（Airy 均衡模型）的形式实现。Pratt 模型认为：地形高度与地壳岩石密度成反比，在某一深度下具有相等的压力，假定在此补偿深度之上，地壳的密度是横向变化的。Pratt 均衡模型的地壳密度变化依赖于上覆起伏地形的高程，地形高程越大，其下部地壳岩石密度越小，反之地形高程越低，下伏地壳密度越大。与 Pratt 模型不同的是，Airy 模型认为地壳密度均一，地球最外部的圈层是由薄的低密度地壳组成，漂浮于一个高密度的流体层之上。Airy 模型由低密度地壳的厚度变化实现均衡补偿，即山脉通常具有较厚的地壳，形成山根

（如图 1 - 1 所示），而海洋具有比较薄的地壳，形成一个反山根。

　　建立在流体静力平衡基础上的 Pratt 和 Airy 模型都是非常理想化的局部补偿模型，它们所假定的补偿限于局部范围，也即补偿只沿着垂直荷载发生，只考虑荷载的垂直压力，而忽视了岩石圈本身的力学强度。它假定地球表层的抗挠刚度为零，即表层应力是屈服的，均衡重力异常往往被解释为"过补"或"欠补"。

　　1914 年 Barrell 开创性地指出[73]：地球表层是具有强度的刚性板块，浮于地球内部弱的流体层之上，并将两者分别命名为岩石圈和软流圈。Barrell[73] 认为地球岩石圈具有很高的强度，足够支撑相当大的区域性地质荷载，例如：地壳的刚度能够完全支撑尼罗河和尼日尔河现今的三角洲沉积，而岩石圈不产生任何变形。随后 Putnam Vening Meinesz 和 Gunn 等在具有不同地质特征的地区的均衡程度和岩石圈支撑荷载的方式等方面做了很多关键性的工作，推动了区域均衡研究的发展。

　　在 1931 年，Vening Meinesz 提出了区域均衡模型（或称挠曲模型、弹性板模型）。Vening Meinesz 认为地壳是刚性的，当有荷载作用时，刚性的地壳通过在一个较大区域内的弹性弯曲变形支撑荷载，类似放置于弱流体之上的薄弹性板[74]。Vening Meinesz 采用弹性板模型模拟岩石圈的弯曲变形，并定义了挠曲刚度（Flexural rigidity）。在同一时期，Gunn[75, 76] 也发展了区域均衡的思想，他把地壳看成弹性薄板，并认为地球的最外层满足力学平衡而非流体静力平衡。弹性板模型考虑了固体地壳在上覆荷载作用下的弹性弯曲，使均衡补偿质量不仅仅在垂向上分布，而且由于载荷周围地壳弹性板的弯曲，在横向上会造成补偿面起伏。

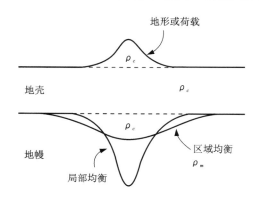

图 1 - 1　在地形荷载下的局部均衡和区域均衡补偿示意图

（参考 Watts, 2001）ρ_m 为地幔密度；ρ_c 为地壳密度

　　对于地表的一个地形荷载作用，由图 1 - 1 可以看出局部均衡与区域均衡的本质差别。局部均衡的 Airy 模型估计在荷载之下的 Moho 面存在一较深的低密度

反向山根。对于区域均衡的挠曲模型而言，均衡山根相对小而宽。这种差异主要是由于 Airy 模型代表的是一个弱的地壳，而挠曲模型代表地壳具有一定的横向力学强度。

相比局部均衡模型，挠曲模型有很多优点。例如，挠曲模型对于地球的地壳和地幔可以讨论加载和卸载的响应，可以考虑在多少加载情况下岩石圈会产生挠曲，以及什么情况下岩石圈会产生破坏[6]。此外，挠曲模型将波长或多尺度概念引入荷载与均衡分析之中。挠曲模型认为，大尺度或长波长的荷载基本上被局部均衡补偿，岩石层是完全屈服的；中尺度荷载部分被局部均衡补偿，部分由区域补偿即岩石圈自身的强度支持；短波长荷载基本上由岩石圈的力学强度支持。由于挠曲模型与实际地球的大量地质现象和地质观测符合，且数学形式简单，所以被广泛应用于冰川均衡回弹、海山和海岛加载、河流沉积、岛弧 – 深海海沟系统等简单加载情况下的均衡分析，同时也被引入研究裂谷、山脉、走滑断层、转换断层和断裂带等复杂系统。

1.3.2　岩石圈力学强度与弹性厚度

对于一个漂浮于流体之上的弹性薄板或梁，一维挠曲响应方程一般用四阶偏微分方程表示[77]：

$$D \frac{\partial^4}{\partial x^4} v(x) + (\rho_m - \rho_{infill}) g v(x) = 0 \qquad (1-1)$$

其中，$v(x)$ 为弹性薄板的变形，是水平距离 x 的函数；ρ_m 和 ρ_{infill} 分别为下伏流体层的密度（对于本书为地幔）和挠曲凹地的填充物质密度；g 为重力加速度；D 为弹性板的挠曲刚度，与有效弹性厚度 T_e 的关系为[78]：

$$D = \frac{E T_e^3}{12(1-\sigma^2)} \qquad (1-2)$$

其中，T_e 为岩石圈有效弹性厚度；E 为杨氏模量，一般取 $1 \times 10^{11} \, \text{N/m}^2$；$\sigma$ 为泊松比，一般取常值 0.25。利用式（1 – 1）可以求解特定荷载分布（例如线荷载、点荷载和周期荷载）下岩石圈的挠曲变形，并利用式（1 – 2）建立受荷载板的弹性厚度和挠曲变形的关系。

实际地球岩石圈由多种流变类型的物质组成，例如弹性、塑性、黏性等，并且地壳和岩石圈地幔可能耦合或解耦[79]。但是，对于超过 10^5 年甚至更长时间尺度的地质加载，岩石圈的变形行为能被近似模拟成一个薄弹性板的挠曲，即使岩石圈实际行为可能是非弹性的[3, 6, 80]。在岩石圈有效弹性厚度的研究中，研究者们通常将具有多层流变结构的地球岩石圈模拟成一个等效的理想弹性薄板，板的厚薄（即 T_e）表征了岩石圈的综合力学强度的大小。

岩石圈有效弹性厚度（T_e）定义为在真实的荷载作用下，能产生与实际岩石圈相等的挠曲变形的理想弹性薄板的厚度[6, 81]。T_e 的大小决定了岩石圈挠曲变形的幅值和波长，是一个能从实际观测中估计得到的重要参数。较大的 T_e 对应强的岩石圈，具有一定程度的区域补偿，在荷载作用下具有长波长和低幅值的挠曲变形。反之，有效弹性厚度值较小则表明岩石圈较弱，强度低。当受到荷载作用时，弱的岩石圈更容易挠曲变形，趋向于 Airy 均衡。对于极端情况，T_e 为零时，代表该弹性板没有刚度，区域均衡转化为局部均衡，遵循 Airy 均衡补偿。

岩石圈有效弹性厚度是理论弹性板的厚度，并不代表现今岩石圈内部的某一界面或深度，它是岩石圈综合力学强度的一个定量指标或几何类比[2, 82, 83]，受地质演化历史中的多种因素影响，且具有实际的地质意义[6]。McKenzie[84] 指出地球上大部分地质构造运动可能受岩石圈弹性部分厚度的影响。Audet 和 Burgmann[11] 研究表明在超大陆旋回中的变形受先存的岩石圈流变性质和力学结构的控制。Mouthereau 等[12] 基于全球的 T_e 模型研究表明：碰撞造山带的缩短量与碰撞时前陆岩石圈的年龄有关。

由于受地球内部动力作用，深大断裂以及先存构造样式等影响，大陆岩石圈抵抗变形的能力存在方位角的变化，即 T_e 具有各向异性或称力学各向异性[85, 86]。在构造荷载作用下，具有力学各向异性的岩石圈在 T_e 弱轴方向上更容易发生变形，它的存在与岩石圈变形过程紧密相关。由于 T_e 各向异性受动力和结构因素的双重影响，T_e 各向异性不仅反映了岩石圈现今的构造应力状态，同时也记录了在时间和深度上累积的岩石圈形变[87]，通过与现今岩石圈应力和应变对比，可以探讨岩石圈的构造受力分布及壳幔耦合状态。因此，对岩石圈 T_e 各向异性的研究，可以进一步加强对岩石圈变形机制和壳幔耦合状态等动力学问题的认识。

1.4　岩石圈力学强度研究进展

1.4.1　岩石圈力学强度研究发展

20 世纪 70 年代，Walcott[78, 88-90] 最早利用简单弹性板模型以及观测地形和重力异常数据，成功估计了冰川湖、沉积和海岛等不同荷载加载地区的岩石圈挠曲刚度。Walcott[78] 的研究表明：在存在大型板内荷载的地区，岩石圈的弹性厚度为 5 ~ 114 km。更重要的是，他发现弹性厚度和荷载年龄存在相关性，最大的弹性厚度区对应最短持续时间的荷载，如冰川湖；而最小的弹性厚度值对应持续时间最长的荷载，如海岛。

Walcott 的研究也引起了学者们对于岩石圈长期力学行为问题的思考，例如，如何理解岩石圈有效弹性厚度的物理意义，岩石圈弹性厚度与加载年龄以及其他因素（例如地质环境）之间的关系等。为了探索岩石圈力学性质在空间和时间的变化，出现了大量针对不同地质构造地区的岩石圈有效弹性厚度的研究。多种求解岩石圈弹性厚度的方法被提出，主要包括：正演模拟变形[91]，地形和重力异常的谱方法，如导纳法[92,93]和相关法[94]、屈服应力包络法[95,96]等。

（1）正演模拟变形

正演模拟变形法假定岩石圈为漂浮在流体（软流圈）之上的均匀弹性薄板，当受到荷载，例如海底火山链、海山、洋中脊地形、消减带、造山带、冰川和沉积层等作用情况下，根据薄弹性板或梁的挠曲理论，建立弹性板挠曲的四阶偏微分方程[见式(1-1)]，求解岩石圈的挠曲变形。比较变形产生的重力异常和现今实际观测的地形和重力异常，可以获得岩石圈的弹性参数（即弹性刚度或弹性厚度）。对于正演模拟变形法，简单的加载可以求出解析解[97]，例如周期荷载下岩石圈的弯曲、可视为线性加载的岛链或火山链作用在大洋底部的岩石圈上、海沟附近的弹性岩石圈的弯曲。但是，对于复杂的二维和三维加载情况，则必须采用数值方法求解岩石圈的挠曲变形，例如被广泛采用的有限差分法[98-103]。对于岩石圈结构复杂的地区，由于很难分辨荷载和挠曲变形，所以限制了正演模拟变形方法的广泛运用[6]。

（2）屈服应力包络法

屈服应力包络法（Yield Strength Envelope，YSE）又可称为热流变结构方法。YSE 方法基于实验岩石力学数据估计岩石圈有效弹性厚度。实验岩石力学数据认为岩石圈主要由两种类型的变形控制，即冷的最上层的脆性变形和热的下部的塑性流动变形。上部岩石的脆性变形特征可以利用 Byerlee 的岩石摩擦定律（线性摩擦破裂公式）确定[104]，强度随压力和深度的增加而增加。下部的塑性特征用 Dorn 定律（指数蠕变定律）描述[105]，其强度随温度和深度的增加而降低。联合脆性和塑性变形定律可以形成描述岩石圈的强度随深度变化的屈服应力包络面[95]。屈服应力包络法以计算获得岩石圈温度场为基础，通过分层流变学来计算岩石圈随深度变化的力学强度，有利于我们更好地理解岩石圈有效弹性厚度的物理意义。

最早将 YSE 方法运用于估计海洋地区 T_e 的是 Bodine 等[106]、Lago 和 Cazenave[107]、McNutt 和 Menard[108]、McAdoo 等[109]。他们研究表明：屈服应力包络能很好地解释海洋岩石圈有效弹性厚度比地震多震层厚度（T_s）小很多的现象，并且也展现了大洋地区的 T_e 主要取决于温度结构，并随着加载年龄的增加而增厚。而对于大陆岩石圈而言，屈服应力包络不仅取决于温度结构，而且与地壳的成分和厚度、应变率、地幔岩石圈的厚度和温度以及是否存在流体等有关。Karner 和 Watts[91]、McNutt 等[110]、Burov 和 Diament[2,96]最先利用 YSE 方法估计了大陆地区的 T_e 分布。Karner 和 Watts[91]认为在一些造山带地区的高 T_e 值可以用基于石英岩相的地壳和具有干橄榄岩相的地幔模拟。McNutt 等[110]利用屈服应力包络模型展示了当一个强的板挠曲到足够的曲率时，地壳内的一个软弱区可能降低岩石圈总体的有效弹性厚度。Burov 和 Diament[2, 96] 发展了联系屈服应力包络的综合强度和岩石圈有效弹性厚度的分析模型。最近，Tesauro 等运用 YSE 方法研究了欧洲大陆[111-113] 及全球大陆地区[114] 的岩石圈有效弹性厚度分布。

由于大陆岩石圈的复杂性，采用屈服应力包络研究大陆岩石圈的强度结构尚存在争论[3, 80, 115, 116, 118]。根据 Burov 和 Diament[2] 发展的屈服应力包络法，大陆岩石圈主要由力学强度高的上地壳、弱的下地壳、强的上部地幔岩石圈和弱的下部地幔岩石圈组成，这种模型称为"三明治"模型（Jelly Sandwich model）。Jackson[116] 则认为大陆岩石圈的强度主要分布在上地壳，上地壳强度高，而地幔强度很弱，他提出了"法式焦糖布丁"模型（Crème - brûlée model）。两种模型的提出和争论促进了 YES 方法的研究，同时也显示了我们对地球岩石圈的结构和流变性质的认识仍然很浅薄。此外，虽然屈服应力包络法是基于岩石力学实验获得岩石圈的综合力学强度，可以提供岩石圈重要的流变信息，但是实验的环境，包括时间尺度、应变率、温度和加载条件等与实际地球仍相差甚远，所以 YSE 方法也只能提供一个岩石圈实际强度的定量指导[6]。

（3）地形和重力异常谱分析法

基于均衡理论，在荷载作用下的岩石圈会在地表和均衡面发生变形，岩石圈内部变形后，在地表能观测到变形引起的重力异常和地形起伏，因而地形和重力异常存在特定的关系。谱分析法将地形和布格重力异常表达为波长的函数，利用地球重力异常和地形随波长变化的特征来估计岩石圈的有效弹性厚度。地形和重力异常谱分析法的优点是可以从实际观测的数据中利用统计的方法获得导纳函数或相关函数[6]，进而分析岩石圈的弹性参数。因而，谱方法的提出为地球物理学家更好地定量认识岩石圈的均衡补偿程度和有效弹性厚度的研究提供了很好的手段。

基于地形和重力异常数据的谱方法最早由 Dorman 和 Lewis[92] 在 1970 年提出。Lewis 和 Dorman[117] 利用实测的重力异常和地形的功率谱求得了观测导纳函数（Admittance），与 Airy 局部均衡模型计算的导纳函数比较，用于分析北美大陆的补偿密度分布。他们的工作为岩石圈有效弹性厚度的研究奠定了基础。McKenzie 和 Bowin[93] 最早将船测的地形和自由空气重力异常的导纳谱技术运用于大西洋的有效弹性厚度研究。随后，Watts[5] 改进了 McKenzie 和 Bowin[93] 的导纳谱的平滑技术，并将其成功地运用于太平洋夏威夷 — 帝国海山链的岩石圈有效弹性厚度研究。

由于大洋岩石圈的结构相对简单，且可以较为清楚地估计加载后大洋岩石圈的响应，因此在研究初期，学者们主要针对大洋岩石圈的有效弹性厚度开展了广泛的研究，几乎涵盖了大洋中所有的构造单元，包括：海岛和海山[5, 119-123]，洋中脊[124, 125]，被动大陆边缘或邻近的盆地和海山[91, 126, 127, 128, 129]，大陆边缘的海沟、挠曲盆地和弧后盆地[130-133]等。这些研究主要表明：大洋岩石圈有效弹性厚度随着加载年龄增加而增加，且强烈依赖于岩石圈的热结构。

有效弹性厚度在大洋岩石圈的广泛应用，极大地推动了大陆岩石圈有效弹性厚度的研究。Banks 等[7]借鉴 Lewis 和 Dorman[117]的研究思路，采用区域均衡原理（即挠曲模型）估计了北美大陆岩石圈的有效弹性厚度为 7.5 km。McNutt 和 Parker[134]采用与 Banks 等[7]相同的方法，反演了澳大利亚大陆的岩石圈有效弹性厚度，并发现澳大利亚大陆的 T_e 和北美的 T_e 相差很远。随后，导纳谱技术被广泛运用于估计地球其他大陆和地质特征区的有效弹性厚度[124, 135-141]。

但是，在前期研究中，利用导纳谱方法估计 T_e 时都只考虑了地表荷载，忽略了地下加载的情况。而实际中许多构造过程，例如岩石圈和软流圈的变冷或变热、变质作用、岩浆侵入、地壳的底侵作用等，都会造成地壳和地幔的密度变化，从而形成内部荷载。谱方法中如果仅考虑地表荷载的情况，可能使估计的 T_e 产生很大的偏差[94]。Louden 和 Forsyth[142]、McNutt[143]分别针对大洋和大陆地区发展了内部荷载模型。Forsyth[94]最早在导纳法中加入了地表和地下荷载共同作用的计算方法，并引入了地表和地下荷载比率的概念。同时，Forsyth 的研究中提出了基于地形和布格重力异常的谱相关法（Coherence）。相关法和导纳法的原理很类似，但是相关法估计的 T_e 受荷载比率影响相对导纳法要小很多。相关法的提出进一步推动了大陆岩石圈 T_e 的研究[8, 9, 144-148]。

但是，基于谱方法估计 T_e 时，采用传统傅里叶变换求取地形和重力异常功率谱（称为周期图法）时会产生频率泄露，使得反演结果偏离实际值。为了改进周期图法的频率泄漏问题，Lowry 等[82, 149]采用最大熵法估计了二维地形和布格重力异常谱。McKenzie 和 Fairhead[141]以及 Simons 等[85]分别将多窗谱[150]引入导纳法和相关法的计算。随后，多窗谱相关法被广泛用于 T_e 的研究[10, 81, 87, 151]。但是，基于多窗谱分析技术反演 T_e 时，存在分析窗口尺寸和反演结果分辨率相互制约的缺陷：小尺寸窗口能较好反演 T_e 的空间变化，但不能解析转换波长大于反演窗口的 T_e 信息；大窗口虽然能有效解析中、长波长的均衡信息，但由于平均作用而不能反映 T_e 的小尺度变化。为了克服多窗谱窗口对波长的限制，Stark 等[152]采用高斯张量小波来计算地形和重力异常谱。随后，Kirby 和 Swain[153]基于叠加的 Morlet 小波构建的 Fan 小波法，通过小波的空间域和频率域的多尺度变化，克服了多窗谱法对转折波长的截断问题，能同时反演不同尺度的 T_e 分布，该方法被运用于研究澳大利亚[154]、南美[155]和加拿大地盾[156]等地区的 T_e 结构。另一方面，Pérez - Gussinyé 等[157-159]对多窗谱相关法中窗口大小对波长的限制进行了分析，提出了联合多个窗口的解决方案；并指出相比小波相关法，能更精确地反演出 T_e 的梯度和小尺度的 T_e 变化。最近，Kirby 和 Swain[19]利用不同 Fan 小波中心波数进行模型实验，提出小的中心波数能提高 Fan 小波反演 T_e 的分辨率。

随着卫星重力技术的发展，地形和重力异常数据得以覆盖全球。由于谱方法具有广泛的数据来源，能同时考虑地表和地下的荷载作用，且能获得较高水平空间分辨率，所以被大量学者采用，广泛运用于全球各大陆地区的岩石圈综合强度与大陆变形的研究，包括：北美洲[9,160]、南美洲[155,158]、欧洲[10]和非洲[159]等，并根据 T_e 的分布研究和探讨了大陆岩石圈演化及动力学机理。例如，Zuber 等[8]根据澳大利亚的 T_e 分布研究了该大陆的均衡机制；Bechtel 等[9]对北美地区 T_e 研究发现：太古宙克拉通（≥ 1.5 Ga）的岩石圈有效弹性厚度远远大于显生宙造山带，弹性厚度具有随最新热事件的年龄增加而增厚的特点。Pérez – Gussinyé 和 Watts[10]通过分析欧洲的有效弹性厚度表明，岩石圈有效弹性厚度的差异记录了大陆岩石圈板块的形成过程。Audet 和 Bürgmann[11]就全球大陆地区的 T_e 研究表明：大陆的变形和演化受先成的岩石圈流变性质和力学结构的控制。

对大陆岩石圈 T_e 进行研究时，一些学者发现在很多大陆地区岩石圈 T_e 具有明显的各向异性[82,85,161,162]。Simons 等[85,87]采用多窗谱相关法对澳大利亚地区的 T_e 进行研究时发现：澳大利亚中部 N—S 方向 T_e 较弱，且 T_e 各向异性和地震波各向异性在 200 km 以上具有很强的相关性，推断该区域 200 km 以上的大尺度变形是连续的。Audet 和 Mareschal[151,156]分别采用多窗谱和 Fan 小波谱相关法研究了加拿大地盾的 T_e 各向异性，表明该地区 T_e 各向异性显著，其弱轴与地震和大地电磁各向异性方向垂直。最近，郑勇等[86]、Mao 等[163]和李永东等[164]采用 Fan 小波法分别对中国华北、华南以及青藏高原东北部的 T_e 各向异性进行了初步研究，分析了 T_e 各向异性与岩石圈变形之间的关系。

由于谱方法基于来源广泛的地形和重力异常数据，且能获得分辨率较高的 T_e 及其各向异性分布，为本书开展青藏高原岩石圈力学强度与深部结构特征的研究工作提供了方法基础。

1.4.2　青藏高原岩石圈力学强度研究进展

近年来有些学者从岩石圈力学强度角度出发探讨青藏高原及周边的岩石圈结构和变形机制。例如，Karner 和 Watts[91]、Lyon – Caen 和 Molnar[15,165]通过正演模拟分析了喜马拉雅和昆仑山剖面的岩石圈 T_e，对其岩石圈内部结构进行了初步探讨。Jin 等[147]利用重力和地形资料的挠曲均衡分析估计了青藏高原的 T_e，并推断高原地壳和上地幔之间存在弱的下地壳解耦带。Wang 等[166]利用地表热流获得了楚雄盆地的纵向强度分布，表明该地区存在弱的下地壳，推断该地区变形是连续的。

Braitenberg 等[167]、赵俐红等[168]、Jordan 和 Watts[99]采用正演模拟法反演了

青藏高原及周边的二维 T_e 分布，发现青藏高原大部分地区的岩石圈 T_e 值很低，为 10 ~ 30 km，低 T_e 值（0 ~ 20 km）从高原中部延伸到中国西南地区，并由此推断青藏高原的变形以连续变形为主。Fielding 和 McKenzie[169] 利用地形和最新卫星重力数据采用二维导纳分析，对四川盆地和龙门山地区岩石圈挠曲研究发现，四川盆地的 T_e 大于 10 km，支撑了龙门山的加载，而青藏高原东缘的龙门山地区 T_e 低至 7 km。Zhang 等[170] 和孙玉军等[171] 利用代表纵向强度分布的屈服应力包络剖面指出青藏高原存在弱下地壳。Chen 等[172] 采用多窗谱相关法估计的中国及邻区的 T_e 分布显示青藏高原 T_e 存在明显的横向变化。这些研究表明：由于不同的动力学模型具有不同的岩石圈强度结构[147]，利用岩石圈力学强度的空间分布特征可以推断岩石圈的结构和变形机制。

在 T_e 各向异性研究方面，Rajesh 等[173] 利用重力和地形资料研究发现：青藏高原中部明显的 N—S 向 T_e 各向异性指示了该地区地壳和地幔变形不直接耦合。李永东等[164] 对青藏高原东北部的岩石圈 T_e 各向异性与地震波各向异性对比研究表明：局部地区岩石圈大尺度变形是连续的，对岩石圈力学各向异性（T_e 各向异性）的研究提供了岩石圈变形和深部壳幔耦合的证据。这些研究表明：通过岩石圈力学强度（包括：岩石圈 T_e、T_e 各向异性和纵向强度）可以为探讨岩石圈变形模式、壳幔变形是否连续、壳幔耦合状态和弱下地壳流是否存在等动力学问题提供依据，也为研究青藏高原的岩石圈变形机制提供了新的研究思路与途径。

但是，综上研究发现，由于所采用的数据和反演方法的差异，不同研究者反演的 T_e 值及其空间变化存在一定的差异，从而影响 T_e 值的可靠性和解释的合理性。此外，大多数研究假定青藏高原岩石圈 T_e 是各向同性的，仅在局部地区对 T_e 各向异性进行了初步的研究。本书针对目前青藏高原岩石圈高分辨率的 T_e 及其各向异性研究的薄弱之处，利用最新的高精度重力异常和地形数据，采用 Fan 小波谱相关法，运用正演模拟法开展模型实验，进行方法参数分析，研究青藏高原的岩石圈 T_e 及其各向异性分布，分析 T_e 及其各向异性横向变化的成因。结合地质学、地震学、地壳运动学和岩石圈热力学等研究成果深入探讨青藏高原的深部结构、岩石圈合理变形模式和壳幔耦合状态等。本书对进一步认识青藏高原形成机制和变形演化的动力学过程等问题具有积极的科学意义。

1.5　研究内容

本书利用最新的地形和地球重力场模型数据，对青藏高原 — 喜马拉雅构造带的岩石圈有效弹性厚度进行反演，并就该区的岩石圈结构、构造、变形等与岩石圈有效弹性厚度的关系进行详细的分析，对青藏高原主要构造单元的 T_e 横向分布特征进行深入细致的解释，并结合地震分布、地质、GPS 和其他地球物理资料，探讨青藏高原深部结构与岩石圈 T_e 分布的关系。主要研究内容包括：

（1）岩石圈有效弹性厚度的反演方法

本书将采用基于地形和布格重力异常的谱相关法反演岩石圈有效弹性厚度。通过计算地表地形和地下密度界面起伏引起的布格重力异常之间随波长变化的频率域谱相关度，并与理论弹性板模型求解的预测相关度比较，利用最优化方法迭代反演岩石圈有效弹性厚度。为了有效地减少频率泄露、提高功率谱质量，本书采用二维 Fan 小波谱分别求取地形和布格重力异常的谱相关度。通过模型实验，探讨 Fan 小波谱方法中不同参数选择对反演结果的影响。

（2）空间域挠曲计算和正反演模拟

为了测试反演方法的性能，需要对反演方法开展一定的理论模型实验，分析方法参量（例如中心波数）的取值对其反演结果的影响。理论模型实验主要包括正演和反演两部分。模型正演主要是通过已知的岩石圈弹性厚度模型和模拟的初始荷载，计算挠曲变形，得到反演所需的地形和布格重力异常数据。在模型实验中，采用频率域挠曲方程计算均一的弹性厚度模型的挠曲变形；对于存在弹性厚度横向变化的模型，则利用有限差分法数值模拟挠曲变形。因而，需要推导二维空间域弹性薄板的挠曲方程的有限差分格式，求解岩石圈的挠曲变形，进而正演计算挠曲变形产生的布格重力异常。

（3）青藏高原 T_e 与岩石圈结构研究

基于最新的全球地形和卫星重力数据，利用 Fan 小波相关法开展青藏高原 — 喜马拉雅构造带的岩石圈 T_e 研究。结合地震分布、地表地质构造特点和地球内部地震波速的研究成果，对比分析岩石圈力学强度的空间变化与青藏高原 — 喜马拉雅构造带岩石圈深部结构和变形的关系。

（4）青藏高原东南缘 T_e 与岩石圈变形

分别采用各向同性和各向异性二维 Fan 小波相关法，估计青藏高原东南缘岩石圈 T_e 和 T_e 各向异性的空间分布。结合青藏高原地质构造背景，对青藏高原东南缘的岩石圈有效弹性厚度及其各向异性的空间分布进行细致的分析，结合相应的地面地质构造信息和地球物理观测资料进行较系统的解释，深入探讨东南缘现今壳幔耦合状态和岩石圈变形演化的动力学机制。

各章的具体内容与安排如下：

第 1 章为绪论。主要介绍研究目的和意义，并对岩石圈有效弹性厚度研究现状和研究方法及其存在的问题进行阐述。

第 2 章为谱相关法计算岩石圈有效弹性厚度的原理。首先，描述在地表和地下荷载作用下弹性板模型的均衡响应。在此基础上，推导空间域均一弹性厚度模型和非均一弹性厚度模型的挠曲计算方法。其次，详细介绍导纳法和谱相关法反演 T_e 的原理。最后，介绍 Fan 小波谱计算地形谱和重力异常谱的原理及过程。

第 3 章为谱相关法模型实验。主要介绍模拟实测地形和布格重力异常的过程，并采用不同厚度的均一平板模型和椭圆模型对 Fan 小波相关法进行模型实验，分析方法中关键参数的不同设置对反演结果的影响。

第 4 章为青藏高原 — 喜马拉雅构造带岩石圈有效弹性厚度计算。首先，介绍研究区的地质构造背景、研究数据及其处理过程。然后，采用 Fan 小波相关法反演青藏高原 — 喜马拉雅构造带的岩石圈有效弹性厚度，分析 T_e 空间分布特征，讨论 T_e 与地壳结构和构造展布之间的关系。最后，结合地质、地球物理和大地测量等方面的研究，分析 T_e 横向变化的成因及其对青藏高原岩石圈深部结构的启示。

第 5 章为青藏高原东南缘 T_e 及其各向异性研究。首先反演获得青藏高原东南缘 T_e 及其各向异性空间分布。然后，分析 T_e 分布与岩石圈结构的关系，讨论 T_e 各向异性与岩石圈构造应力、岩石圈应变的关系。最后讨论 T_e 空间展布对岩石圈变形的启示。

第 6 章为结论及展望。

第 2 章   地形和重力异常谱
计算 T_e 的原理

　　谱方法将地形和布格重力异常表示为波长的函数，利用在荷载作用下，波数域的重力异常和地形的关系（即导纳和相关度）具有随波长变化的特征来估计岩石圈有效弹性厚度。根据区域均衡原理，当地球存在一个长波长的荷载时，地球岩石圈会出现挠曲均衡，在均衡面形成均衡山根（或反山根），因而在地表可以观测到均衡山根对应的布格重力异常。岩石圈本身的弹性性质（弹性刚度或弹性厚度）和荷载波长决定了岩石圈的挠曲程度。对于相同的荷载，由于岩石圈刚度的差异，刚度较大的岩石圈在均衡面产生的挠曲变形较小；反之，则挠曲变形较大。岩石圈有效弹性厚度越厚或刚性越大，其转折波长越趋向于长波长。通过观测地表地形起伏和地下密度界面起伏引起的布格重力异常，可以计算它们之间随波长变化的频率域谱相关度或导纳，我们称为实测量（实测相关度或实测导纳）。

　　相对热的地幔而言，岩石圈是冷的刚性很强的固体，在垂直方向上具有弹性特性。根据区域均衡理论，岩石圈在垂直方向上的弯曲可以用一个二维平板挠曲模型描述。假定岩石圈为漂浮在流体（软流圈）之上的均匀弹性薄板，给定薄板的弹性厚度建立理论的岩石圈模型。当受到荷载作用时，根据薄弹性板的挠曲理论，求解岩石圈挠曲变形后的地表地形和地下密度界面变形产生的重力异常，进而可以获得由理论岩石圈模型计算的预测量（理论导纳或相关度）。通过对比由实测地形和布格重力异常获得的实测量和理论弹性板模型求解的预测量，修改理论岩石圈模型的弹性参数，利用最优化方法迭代即可反演出岩石圈有效弹性厚度。

　　由于谱方法仅需利用地形和重力异常数据来估算 T_e，而地形和重力异常数据易于获得且覆盖广泛（覆盖整个地球，甚至包括太阳系的其他星球），因此谱方法被提出的 40 多年以来，获得了广泛关注和运用。

　　本章主要介绍基于地形和重力异常谱方法原理，主要从以下几个方面进行阐述：弹性板模型在荷载作用下的均衡响应、岩石圈挠曲的计算、导纳函数和导纳法、谱相关法以及小波谱分析方法等。

2.1   弹性板模型的均衡响应函数

　　采用地形和布格重力异常谱方法反演大陆岩石圈有效弹性厚度的基础是挠曲

均衡理论，或称区域均衡。将地球岩石圈近似看成理想的水平无限延伸的薄弹性板(二维情况)或梁(一维)，上覆于软流圈流体之上，其中"理想"是指这种薄板模型能存储无限的应力而不产生断裂[6]，板的厚度相比其横向延伸(一般无限延伸)较小，而在荷载作用下板的变形相对于薄板厚度也较小[83]。将山脉形成的地形起伏和河流沉积等看成是加载在弹性板上的纵向荷载，理想岩石圈对地球实际荷载的响应，即岩石圈的挠曲变形满足弹性板挠曲响应方程。下面分别讨论在不同荷载，包括地表荷载和地下荷载作用下，岩石圈弹性板模型的均衡响应。

2.1.1　地表荷载均衡响应

地球上存在各种形式的地表荷载，例如沉积盆地、河流沉积、海山、海岛、山脉等。假定岩石圈模型由均一密度为 ρ_c 的弹性地壳组成，浮于高密度 ρ_m 的流体地幔之上(满足 $\rho_c < \rho_m$)。在未受到荷载作用时，各密度界面均为水平，满足流体静力学平衡。当受到地表荷载作用后，由于荷载的重力作用，弹性岩石圈会发生挠曲变形。通常情况下，假定均衡面发生在 Moho 面，岩石圈挠曲下陷区的填充物质密度为 ρ_{infill}。在一维情况下，均衡后岩石圈模型的受力情况如图 2 - 1 所示。

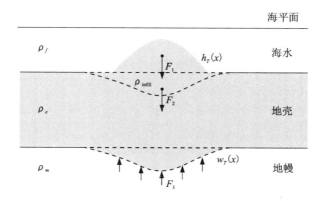

图 2 - 1　地表荷载作用后的岩石圈均衡受力示意图

图中变形和地形以向上为正；x 为水平距离；$h_T(x)$ 为地表荷载作用均衡变形后的地形；
$w_T(x)$ 为 Moho 面均衡后的地形；F_1、F_2、F_3 分别为岩石圈受到的力

图 2 - 1 中，设受力向上为正，地形偏离原始平衡位置向上为正，向下为负。由图 2 - 1 所示可知，给定一正地形荷载，挠曲均衡后，挠曲变形量 $w_T(x)$ 为负地形，且弹性岩石圈受到三个外力，即荷载的重力 $F_1 = (\rho_c - \rho_f)gh_T$，上部界面挠曲变形的填充物质向下的重力 $F_2 = \rho_{infill}gw_T$，下部流体产生向上的浮力 $F_3 = \rho_m gw_T$。根据静力平衡条件(即内力等于外力)，可以建立如下的方程：

$$\underbrace{D \frac{\partial^4 w_T}{\partial x^4}}_{\text{内力}} = \underbrace{-(\rho_c - \rho_f)gh_T - (\rho_m - \rho_{\text{infill}})gw_T}_{\text{外力}}$$

将与挠曲变形量 w_T 有关项移至等式左边,得到在地表荷载作用下,弹性板满足的挠曲响应方程:

$$D \frac{\partial^4 w_T}{\partial x^4} + (\rho_m - \rho_{\text{infill}})gw_T = -(\rho_c - \rho_f)gh_T \qquad (2-1)$$

式中,w_T 为 Moho 面均衡变形后的地形;h_T 为地表荷载作用均衡变形后的地表地形;D 为挠曲刚度,与弹性厚度 T_e 满足式(1-2)中的等式关系;ρ_m 为地幔密度;ρ_c 为地壳密度;ρ_f 为地表密度,在陆地地区 $\rho_f = 0$,海洋地区海水密度 $\rho_f = \rho_w$。这里地形和挠曲均采用下标 T 表示地表荷载作用。

由于地球岩石圈的挠曲均衡可以近似看作一个特殊的滤波系统,输入即荷载,输出是挠曲变形。假定这种滤波系统是线性空间不变滤波,即满足叠加原理,当输入为周期荷载时,输出也是周期性的[6]。因此,可以运用傅里叶分析,将变形和荷载看成是无数个周期函数的叠加,求取挠曲变形量。

当弹性厚度 T_e 与水平距离无关时,对式(2-1)两边进行傅里叶变换,挠曲响应方程转化为:

$$D(ik)^4 W_T(k) + (\rho_m - \rho_{\text{infill}})g W_T(k) = -(\rho_c - \rho_f)g H_T(k) \qquad (2-2)$$

其中,k 为荷载在 x 方向上的傅里叶波数,$k = 2\pi/\lambda$,λ 为波长。进而,得到波数域挠曲变形 $W_T(k)$ 为:

$$W_T(k) = -\frac{(\rho_c - \rho_f)H_T(k)}{(\rho_m - \rho_{\text{infill}})}\Phi_e(k) \qquad (2-3)$$

其中,

$$\Phi_e(k) = \left[\frac{Dk^4}{(\rho_m - \rho_{\text{infill}})g} + 1 \right]^{-1} \qquad (2-4)$$

$\Phi_e(k)$ 即为挠曲响应函数(Flexural Response Function)。等式(2-3)右边的负号表示对于正方向的荷载,挠曲变形为负。对于地表荷载,填充物质一般和地壳密度一致,即 $\rho_{\text{infill}} = \rho_c$,式(2-3)转化为:

$$W_T(k) = -\frac{(\rho_c - \rho_f)H_T(k)}{(\rho_m - \rho_c)}\Phi_e(k) \qquad (2-5)$$

在后文的公式推导和计算中,如无特殊申明,则填充物质密度均假定为地壳密度 ρ_c。

2.1.2 地下荷载均衡响应

对于实际的地球而言,不仅存在地表荷载,而且存在由于地壳的构造运动、岩石圈和软流圈内部的加热和变冷等热过程形成的地下荷载,例如地壳陆块的逆掩、造山期的陆内俯冲、变质作用、岩浆岩的侵位、相变等引起的地壳和地幔密度变化。而这些存在于大陆内部的荷载,同样可能引起岩石圈的挠曲。Forsyth[94]指出,如果存在地下荷载,利用仅考虑了地表荷载的岩石圈模型来估计大陆岩石圈有效弹性厚度,结果将会被远远低估。例如,早期采用地表荷载模型研究得到的美国大陆地区的 T_e 值很小,仅为 5 ~ 10 km[7];在澳大利亚大陆更低至 1 km[134]。为了更加合理地估计大陆的 T_e 变化,有必要讨论地下荷载的受力情况及其挠曲变形,如图 2 - 2 所示。

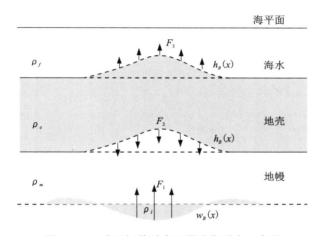

图 2 - 2　地下加载时岩石圈均衡受力示意图

$h_B(x)$ 为地下荷载作用下均衡后的地壳上界面地形;$w_B(x)$ 为作用在板底部的等效荷载地形,等效荷载密度为 ρ_l;F_1、F_2、F_3 分别为岩石圈受到的力。

为了形象地考虑作用在岩石圈弹性板底部的荷载,图 2 - 2 采用密度为 ρ_l,等效荷载高度为 w_B 的地形来表示内部荷载,在实际中可对应软流圈中向上或向下的对流作用[6]。在均衡调整后,弹性板受到的外力包括:作用在板底部向上的荷载 F_1,即浮力和自身重力的差,$F_1 = (\rho_m - \rho_l)gw_B$;板下部界面变形产生向下的亏损浮力 $F_2 = \rho_m gh_B$;上部界面挠曲变形受到上部亏损水压 $F_3 = \rho_f gh_B$。同理,由于处于平衡状态,内力等于外力,即得:

$$D\frac{\partial^4 h_B}{\partial x^4} = -(\rho_m - \rho_l)gw_B - (\rho_m - \rho_f)gh_B$$

移项后得到,在地下荷载作用下,岩石圈弹性板满足的挠曲响应方程:

$$D\frac{\partial^4 h_B}{\partial x^4} + (\rho_m - \rho_f)gh_B = -(\rho_m - \rho_l)gw_B \qquad (2 - 6)$$

式中，w_B 为挠曲均衡后的地下荷载地形；h_B 为地下荷载作用均衡变形后的地表和 Moho 面地形。此时，地形和挠曲均采用下标 B 表示地下荷载作用。类似地，其波数域挠曲变形 H_B 为：

$$H_B = -\frac{(\rho_m - \rho_l) W_B}{(\rho_m - \rho_f)} \Phi'_e(k) \qquad (2-7)$$

其中，$\Phi'_e(k)$ 为在地下荷载作用下的挠曲响应函数，其表达式为：

$$\Phi'_e(k) = \left[\frac{Dk^4}{(\rho_m - \rho_f)g} + 1\right]^{-1} \qquad (2-8)$$

为了简便起见，通常我们将地下荷载考虑作用于 Moho 面。因此，对于地下荷载存在于 Moho 面的特殊情况，其受力分析如图 2 - 3 所示。

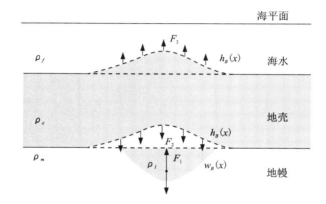

图 2 - 3　地下荷载在 Moho 面的岩石圈均衡受力示意图

图中 $h_B(x)$ 为地下荷载作用下地壳上界面地形；$w_B(x)$ 为作用在板底部等效荷载地形，等效荷载密度为 ρ_l；F_1、F_2、F_3 分别为岩石圈受到的力。

如图 2 - 3 所示，当地下荷载作用在 Moho 面（即均衡面）时，岩石圈弹性板受到的外力包括：作用在板底部向上的力 $F_1 = (\rho_m - \rho_l)g(w_B + h_B)$，即等效荷载为浮力和自身重力的差；板下部界面变形产生向下的亏损浮力 $F_2 = \rho_m g h_B$；上部界面挠曲变形受到上部亏损水压 $F_3 = \rho_f g h_B$。同理，根据静力平衡条件可得

$$D\frac{\partial^4 h_B}{\partial x^4} = -(\rho_m - \rho_l)g(w_B - h_B) - (\rho_m - \rho_f)g h_B$$

对上式变换移项后，得

$$D\frac{\partial^4 h_B}{\partial x^4} + (\rho_l - \rho_f)g h_B = -(\rho_m - \rho_l)g w_B \qquad (2-9)$$

如果荷载密度 ρ_l 等于地壳密度 ρ_c，则波数域挠曲变形解为：

$$H_B = -\frac{(\rho_m - \rho_c)W_B}{\rho_c - \rho_f}\Phi''_e(k) \qquad (2-10)$$

式中 Moho 面荷载作用的挠曲响应函数 $\Phi''_e(k)$ 为：

$$\Phi''_e(k) = \left[\frac{Dk^4}{(\rho_c - \rho_f)g} + 1\right]^{-1} \qquad (2-11)$$

2.1.3　地表和地下荷载共同作用的均衡响应

前两节分别讨论了地表荷载和地下荷载作用下弹性岩石圈的均衡响应，一般情况下，实际地球地表和地下荷载会同时存在，因此考虑地表和地下荷载共同作用时弹性板岩石圈的均衡响应是非常必要的。

用 h_i 描述空间域地表荷载和 w_i 表示地下荷载，当两者同时存在时，其中地表荷载 h_i 对板底部造成的挠曲变形分量为 w_T，对应的变形后地表地形分量为 h_T，初始地表荷载及其变形分量之间的关系为[94]：

$$h_i = h_T - w_T \qquad (2-12)$$

同理，地下荷载 w_i 对弹性板顶部（即地表）造成的挠曲变形分量为 h_B，对应的变形后 Moho 面地形分量为 w_B，w_i、h_B 和 w_B，满足：

$$w_i = w_B - h_B \qquad (2-13)$$

此时，挠曲均衡后最终的地表地形 H 和 Moho 地形 W 分别为两界面的变形分量之和，即：

$$h = h_T + h_B \qquad (2-14)$$

$$w = w_T + w_B \qquad (2-15)$$

两类荷载变形叠加后，弹性板产生的挠曲变形总量 v 为地表荷载（h_i）产生的挠曲变形 w_T 和地下荷载（w_i）产生挠曲变形 h_B 之和[174]，即

$$v = w_T + h_B = h - h_i = w - w_i \qquad (2-16)$$

对于地表加载 h_i，考虑填充密度 $\rho_{\text{infill}} = \rho_c$，并将式（2-11）代入式（2-1），得

$$D\frac{\partial^4 w_T}{\partial x^4} + (\rho_m - \rho_f)gw_T = -(\rho_c - \rho_f)gh_i \qquad (2-17)$$

对于 Moho 面荷载 w_i，将式（2-13）代入式（2-9），得

$$D\frac{\partial^4 h_B}{\partial x^4} + (\rho_m - \rho_f)gh_B = -(\rho_m - \rho_c)gw_i \qquad (2-18)$$

当两种荷载同时作用时，利用叠加原理，将式（2-17）和式（2-18）相加，即得地表和地下荷载同时作用时弹性板满足的挠曲响应方程：

$$D\frac{\partial^4 v}{\partial x^4} + (\rho_m - \rho_f)gv = -(\rho_c - \rho_f)gh_i - (\rho_m - \rho_c)gw_i \qquad (2-19)$$

式中，v 为地表和地下荷载同时作用时产生的挠曲变形；h_i 为地表荷载；w_i 为地下荷载。

对于二维的情况，弹性板挠曲响应方程[174, 175] 为：

$$-\left(\frac{\partial^2 M_x}{\partial x^2} - 2\frac{\partial^2 M_{xy}}{\partial x \partial y} + \frac{\partial^2 M_y}{\partial y^2}\right) + (\rho_m - \rho_f)gv = -(\rho_c - \rho_f)gh_i - (\rho_m - \rho_c)gw_i$$

$$(2-20)$$

式中，M_x 和 M_y 为弯矩；M_{xy} 为扭矩。基于线弹性理论和小变形假设，力矩和变形满足关系：

$$M_x = -D\left(\frac{\partial^2 v}{\partial x^2} + \sigma\frac{\partial^2 v}{\partial y^2}\right)$$

$$M_y = -D\left(\frac{\partial^2 v}{\partial y^2} + \sigma\frac{\partial^2 v}{\partial x^2}\right)$$

$$M_{xy} = -M_{yx} = D(1-\sigma)\frac{\partial^2 v}{\partial x \partial y}$$

其中，弹性刚度 D 可以是常量，也可以是水平距离 x 和 y 的变量；泊松比 σ 为各向同性。

2.2 挠曲变形解算

在给定初始荷载和弹性厚度的情况下，通过式(2-19)或式(2-20)可以求得挠曲变形，进而得到变形之后的地表地形（即地表观测地形）和 Moho 面地形（可计算得到布格重力异常）。对于空间均一的弹性厚度模型，即 T_e 不随坐标位置变化，挠曲响应方程具有解析解，利用傅里叶变换法即可得到挠曲变形。在 2.1 节我们已经初步探讨了在地表荷载和地下荷载作用下，当 T_e 恒定时的变形解的形式。然而，对于空间不均一的弹性板模型（即 T_e 为 x 和 y 的变量），挠曲响应方程无法得到解析解，必须采用数值方法计算挠曲，例如有限差分法。本节将主要介绍针对均一的弹性模型的傅里叶变换法和针对不均一的弹性模型的空间域有限差分法计算挠曲变形的一般过程。

2.2.1 空间均一的 T_e 挠曲计算

对于均一的 T_e 模型，挠曲响应方程可以利用傅里叶分析，将空间域变形公式变换到波数域，计算波数域挠曲变形。对式(2-19)进行傅里叶变换，得

$$[Dk^4 + (\rho_m - \rho_f)g]V = -(\rho_c - \rho_f)gH_i - (\rho_m - \rho_c)gW_i \quad (2-21)$$

式中，V 为波数域挠曲变形；H_i 和 W_i 分别为波数域地表和 Moho 面初始荷载。整理式(2-21)得波数域挠曲 V 为：

$$V = \frac{-(\rho_c - \rho_f)gH_i - (\rho_m - \rho_c)gW_i}{Dk^4 + (\rho_m - \rho_f)g}$$

$$= -\frac{\rho_c - \rho_f}{Dk^4/g + (\rho_m - \rho_f)}H_i - \frac{\rho_m - \rho_c}{Dk^4/g + (\rho_m - \rho_f)}W_i \qquad (2-22)$$

由上式可知，输入初始荷载 H_i 和 W_i，以及岩石圈挠曲刚度 D（由岩石圈有效弹性厚度 T_e 求得），可获得挠曲变形 V。当 T_e 为零时，上式转化成 Airy 均衡模式。

2.2.2　空间域不均一的 T_e 挠曲计算

对于空间不均一的 T_e 分布，傅里叶变换法不宜直接求解，可采用数值计算方法求解挠曲值，本节推导二维挠曲的有限差分解。

利用拉普拉斯算子，二维弹性板挠曲响应方程式（2 – 20）可以展开为[152]：

$$D\,\nabla\nabla v + 2\frac{\partial D}{\partial x}\frac{\partial}{\partial x}\nabla v + 2\frac{\partial D}{\partial y}\frac{\partial}{\partial y}\nabla v + \nabla D\,\nabla v - (1 - \sigma)$$

$$\cdot \left\{\frac{\partial^2 D}{\partial x^2}\frac{\partial^2 v}{\partial y^2} - 2\frac{\partial^2 D}{\partial x\partial y}\frac{\partial^2 v}{\partial x\partial y} + \frac{\partial^2 D}{\partial y^2}\frac{\partial^2 v}{\partial x^2}\right\} + (\rho_m - \rho_f)gv \qquad (2-23)$$

$$= -(\rho_c - \rho_f)gh_i - (\rho_m - \rho_c)gw_i$$

其中，$\nabla = \dfrac{\partial^2}{\partial x^2} + \dfrac{\partial^2}{\partial y^2}$ 为二维拉普拉斯差分算子。为了简便运算，利用拉普拉斯算子将式（2 – 23）简化为：

$$\nabla(D\,\nabla v) - (1 - \sigma)\left\{\frac{\partial^2 D}{\partial x^2}\frac{\partial^2 v}{\partial y^2} - 2\frac{\partial^2 D}{\partial x\partial y}\frac{\partial^2 v}{\partial x\partial y} + \frac{\partial^2 D}{\partial y^2}\frac{\partial^2 v}{\partial x^2}\right\} + (\rho_m - \rho_f)gv$$

$$= -(\rho_c - \rho_f)gh_i - (\rho_m - \rho_c)gw_i \qquad (2-24)$$

对式（2 – 24）等式左边的微分运算采用中心差分算子进行近似。中心差分格式[176]的平面网格如图 2 – 4 所示。对于正方形网格间距，即 $dx = dy = \lambda$，对 x 和 y 的一阶、二阶微分运算以及拉普拉斯算子对应的中心差分格式如图 2 – 5 所示。

对式（2 – 24）的各项微分运算，采用图 2 – 5 的差分格式进行近似，详细推导见附录 1。利用图 2 – 4 所示的中心差分平面网格展开与合并，可得挠曲 v 对应的差分系数（见附录 1）。当 $dx = dy = \lambda$，且 D 各向同性时，各系数可简化为：

$v_{i-2,j}$: $D_{i-1,j}$

$v_{i-1,j-1}$: $D_{i-1,j} + D_{i,j-1} + \varphi$

$v_{i-1,j}$: $-4D_{i-1,j} - 2(1 + \sigma)D_{i,j} - (1 - \sigma)(D_{i,j-1} + D_{i,j+1})$

$v_{i-1,j+1}$: $D_{i-1,j} + D_{i,j+1} - \varphi$

$v_{i,j-2}$: $D_{i,j-1}$

$v_{i,j-1}$: $-4D_{i,j-1} - 2(1 + \sigma)D_{i,j} - (1 - v)(D_{i-1,j} + D_{i+1,j})$

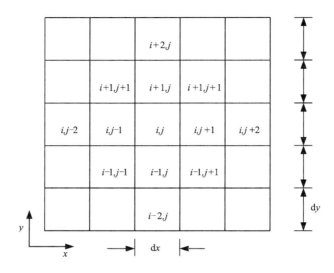

图 2 − 4　空间域非均一 T_e 挠曲计算的中心差分网格示意图

图中 dx 和 dy 分别表示 x 和 y 方向的网格间距；i 和 j 分别表示 y 和 x 方向的网格编号

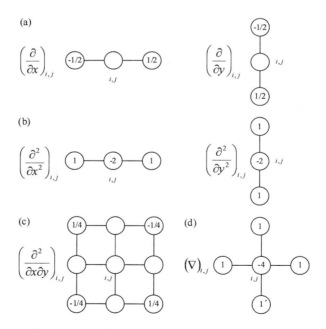

图 2 − 5　正方形网格中心差分结点运算示意图

（a）对 x 和 y 的一阶微分；（b）对 x 的二阶微分和对 y 的二阶微分；
（c）对 x 和 y 的二阶混合偏微分；（d）拉普拉斯算子；空节点表示系数为零

$v_{i,j}$: $(D_{i-1,j} + D_{i+1,j} + D_{i,j-1} + D_{i,j+1}) + 8(1+\sigma)D_{i,j} + 2(1-\sigma)(D_{i,j-1} + D_{i,j+1} + D_{i-1,j} + D_{i+1,j}) + (\rho_m - \rho_f)g\lambda^4$

$v_{i,j+1}$: $-2(1+\sigma)D_{i,j} - 4D_{i,j+1} - (1-\sigma)(D_{i-1,j} + D_{i+1,j})$

$v_{i,j+2}$: $D_{i,j+1}$

$v_{i+1,j-1}$: $D_{i,j-1} + D_{i+1,j} - \varphi$

$v_{i+1,j}$: $-2(1+\sigma)D_{i,j} - 4D_{i+1,j} - (1-\sigma)(D_{i,j-1} + D_{i,j+1})$

$v_{i+1,j+1}$: $D_{i,j+1} + D_{i+1,j} + \varphi$

$v_{i+2,j}$: $D_{i+1,j}$

其中，

$$\varphi = \frac{(1-\sigma)}{8}(D_{i-1,j-1} - D_{i-1,j+1} - D_{i+1,j-1} + D_{i+1,j+1})$$

并且所有系数均需除以 λ^4。

对研究区的数据（包括岩石圈有效弹性厚度、地表和地下荷载），进行 $M \times N$（即 M 行，N 列）的二维网格剖分。对应地，需要求解的挠曲值有 $M \times N$ 个。利用上节推导的挠曲差分系数，式（2-24）可改写成如下矩阵形式：

$$Av = -(\rho_c - \rho_w)g\,h_i - (\rho_m - \rho_c)g\,w_i \tag{2-25}$$

其中，v 为需求解的未知挠曲（具有 $M \times N$ 行的列向量）；A 是差分系数矩阵，具有 $(M \times N)$ 行，$(M \times N)$ 列；h_i 和 w_i 分别为地表和地下荷载向量（为 $M \times N$ 行的列向量）。

由差分近似推导可知，每个网格点的挠曲解的差分系数由 T_e 得到的弹性刚度 D 网格值确定。构造差分系数时，必须考虑 D 的差分格式是否超出数据范围（例如 $D_{i-1,j-1}$、$D_{i+1,j-1}$、$D_{i-1,j+1}$、$D_{i+1,j+1}$ 等），需要对 D 的边界和角点进行处理。在有限差分法计算中，一般采用周期边界。对于挠曲解的 13 个差分格式（例如 $v_{i-2,j}$、$v_{i-1,j-1}$、$v_{i+1,j+1}$、$v_{i+2,j}$ 等）同样存在边界和角点超出数据范围时的情况（包含 25 种不同情况）。对于中间点（即非边界点和角点），$v_{i,j}$ 在差分系数矩阵 A 中对应于 $(i \times N + j)$ 行，相应的列系数如图 2-6 所示。对于边界点和角点，同样采用周期边界，对部分不在网格区内的系数进行周期扩边。

对于有限差分形式的线性方程式（2-25），其系数矩阵 A 的非零项很有限，属于典型的稀疏矩阵。为了节约内存空间和提高计算速度，本书采用压缩稀疏行格式对有限差分矩阵进行存储，并采用共轭梯度法求解上述稀疏矩阵的线性方程组。

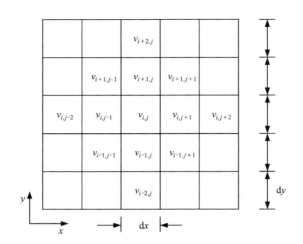

图 2 - 6   差分系数矩阵中间点(非边界和角点)对应的列系数分布

2.3   地形和重力异常导纳函数

第 2.2 节介绍了岩石圈挠曲变形的计算方法,通过比较理论模型模拟的挠曲和实际地表观测的挠曲,可以获得岩石圈弹性参数信息。但是,对于实际地球而言,岩石圈的挠曲很难从地表直接观测得到。人们一般采用其他手段来获得岩石圈内部信息,其中重力异常对荷载大小和挠曲响应很敏感,并且很容易从地表观测得到,所以被广泛用来估计岩石圈长期的热力学性质[6]。

地下密度界面起伏会使得地球表面产生重力异常,利用 Parker[177] 给出的波数域公式进行一级近似有:

$$\Delta g(k) = -2\pi G \Delta \rho e^{-kz_m} H(k) \tag{2-26}$$

其中,$\Delta g(k)$ 为波数域重力异常谱;$H(k)$ 为地形谱;$\Delta \rho$ 为界面的密度差;z_m 为密度界面的平均深度;G 为万有引力常量,k 为二维波数,$k = |\boldsymbol{k}| = 2\pi/\lambda$。上式建立了地形和重力异常的线性转换函数(Linear transfer function)。

这里同样把地球岩石圈视为滤波器,输入地形数据,经过岩石圈的改造(或称滤波)后,输出为重力异常[6],定义重力导纳函数来描述岩石圈的这种滤波作用[92]:

$$Q(k) = \frac{\Delta g(k)}{H(k)} \tag{2-27}$$

其中,$Q(k)$ 称为重力导纳函数(Gravitational admittance)。地形和重力异常的导纳函数包含了丰富的岩石圈均衡信息。

2.3.1　自由空气重力异常导纳函数

不同荷载作用下，地形和重力异常的导纳函数形式存在差异，下面分别推导地表荷载、地下荷载、Moho 面荷载和地表荷载共同作用下的自由空气重力异常导纳和布格重力异常导纳。

（1）地表荷载

基于上节地表荷载作用下的弹性板模型，假定均衡补偿面为 Moho 面，平均深度为 z_m。地表观测的自由空气重力异常（Free air gravity anomaly）主要包括：由地表地形起伏（地壳密度和空气或海水的密度差界面）和地下均衡补偿面挠曲变形产生的重力异常。因此，在地表荷载情况下，由 2.1.1 节推导得地下均衡补偿面的挠曲响应方程。为了方便起见，现将挠曲解式（2-3）重写如下：

$$W_T(k) = -\frac{(\rho_c - \rho_f)H_T(k)}{(\rho_m - \rho_c)}\Phi_e(k)$$

$$\Phi_e(k) = \left[\frac{Dk^4}{(\rho_m - \rho_c)g} + 1\right]^{-1} \tag{2-28}$$

利用 Parker[177] 一阶近似公式（2-26）可得，地表地形产生的重力异常 $\Delta g(k)_{\text{topo}}$ 和地下界面均衡挠曲产生的重力异常 $\Delta g(k)_{\text{flexure}}$ 分别为：

$$\Delta g(k)_{\text{topo}} = 2\pi G(\rho_c - \rho_f)H_T(k) \tag{2-29}$$

$$\Delta g(k)_{\text{flexure}} = 2\pi G(\rho_m - \rho_c)e^{-kz_m}W_T(k) \tag{2-30}$$

其中，z_m 为均衡挠曲面的平均深度。将式（2-28）代入式（2-30），并将式（2-29）和式（2-30）相加，可得总自由空气重力异常 $\Delta g(k)_{\text{surfaceload}}$ 为：

$$\Delta g(k)_{\text{surfaceload}} = 2\pi G(\rho_c - \rho_f)\left[1 - \Phi_e(k)e^{-kz_m}\right]H_T(k) \tag{2-31}$$

利用式（2-27）和式（2-31）可得，地表荷载作用下的自由空气重力异常导纳函数为：

$$Q(k) = 2\pi G(\rho_c - \rho_f)\left[1 - \Phi_e(k)e^{-kz_m}\right] \tag{2-32}$$

由式（2-32）可知，导纳函数不仅为波数 k 的函数，因为均衡响应函数 Φ_e 包含变量 T_e，同时也随 T_e 变化而变化。在地表荷载作用下，理论导纳随波数和 T_e 值变化如图 2-7 所示。从图 2-7 可以看到，不同 T_e 对应的理论导纳曲线在高波数（短波长）时均为恒定高值（约 110 mGal/km，1 Gal = 1 cm/s^2），主要反映了地表地形起伏引起的重力异常，取决于地壳最上层的密度（$\rho_c - \rho_f$）；在低波数时为接近零的恒定低值，这反映了局部均衡原理（例如 Airy 均衡），即地形产生的重力异常被变形的均衡层产生的重力效应所平衡；而在中间从低值转化为高值的位置（对应为转折波长）随波数和不同 T_e 值出现明显变化。随着 T_e 值的增加，转折波长的位置从高波数向低波数移动，这表明利用导纳函数的转折波长位置可以确定 T_e 值的大小。

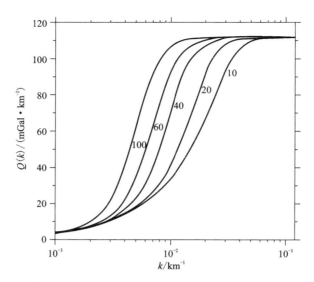

图 2 - 7 地表荷载作用的理论自由空气重力异常导纳随波数 k 和 T_e 值变化的曲线

图中数值为 T_e 值(km),$\rho_c = 2670 \text{ kg/m}^3$,$\rho_f = 0$,$z_m = 35 \text{ km}$

(2)地下荷载

相比地表荷载而言,地下荷载作用下的导纳函数稍有不同。设地下荷载平均深度为 z_L,均衡补偿面(一般假定为 Moho 面)的平均深度为 z_m,地下荷载密度为 ρ_l(模型如图 2 - 2 所示)。此时,自由空气重力异常包含三部分界面起伏产生的重力异常,即:地表变形、均衡补偿面变形和荷载自身。由 2.1.2 节推导可知,在地下荷载作用下岩石圈的挠曲变形为:

$$H_B = -\frac{(\rho_m - \rho_l)W_B}{(\rho_m - \rho_f)}\Phi'_e(k), \quad \Phi'_e(k) = \left[\frac{Dk^4}{(\rho_m - \rho_f)g} + 1\right]^{-1} \quad (2-33)$$

如图 2 - 2 可知,此时的 H_B 即为波数域地表和 Moho 面地形,转换上式得波数域荷载地形 W_B 为:

$$W_B = -\frac{(\rho_m - \rho_f)}{(\rho_m - \rho_l)\Phi'_e(k)}H_B \quad (2-34)$$

对应地,荷载地形 W_B 产生的重力异常为:

$$\Delta g(k)_{\text{upward force}} = -2\pi G(\rho_m - \rho_f)\frac{\mathrm{e}^{-kz_L}}{\Phi'_e(k)}H_B(k) \quad (2-35)$$

此外,其他密度界面(包括地表和 Moho 面)挠曲变形产生的重力异常值为:

$$\Delta g(k)_{\text{flexure}} = 2\pi G(\rho_c - \rho_f)H_B(k) + 2\pi G(\rho_m - \rho_c)\mathrm{e}^{-kz_m}H_B(k) \quad (2-36)$$

式(2 - 35)和式(2 - 36)相加,得到地下荷载作用下总重力异常值 $\Delta g(k)_{\text{buriedtotal}}$:

$$\Delta g(k)_{\mathrm{buriedload}} = 2\pi G\Big[(\rho_c - \rho_f) + (\rho_m - \rho_c)\mathrm{e}^{-kz_m} - \frac{(\rho_m - \rho_f)\mathrm{e}^{-kz_L}}{\Phi'_e(k)}\Big] H_B(k)$$

$$(2-37)$$

因而在地下荷载作用下，自由空气重力异常导纳函数为：

$$Q(k) = 2\pi G\Big[(\rho_c - \rho_f) + (\rho_m - \rho_c)\mathrm{e}^{-kz_m} - \frac{(\rho_m - \rho_f)\mathrm{e}^{-kz_L}}{\Phi'_e(k)}\Big] \quad (2-38)$$

如果地下荷载在 Moho 面，即 $z_L = z_m$，则对应的自由空气重力异常导纳函数为

$$Q(k) = 2\pi G(\rho_c - \rho_f)\Big[1 - \frac{\mathrm{e}^{-kz_m}}{\Phi''_e(k)}\Big],\ \Phi''_e(k) = \Big[\frac{Dk^4}{(\rho_c - \rho_f)g} + 1\Big]^{-1}$$

$$(2-39)$$

在地下荷载作用下的自由空气重力异常导纳随 T_e 和波数变化的曲线如图 2 – 8 所示。对比图 2 – 7 和图 2 – 8 可以看到，地表荷载和地下荷载的自由空气重力异常导纳函数形态存在很大差别。对于地下荷载的导纳曲线而言，不存在明显的从低值到高值的转折波长位置，且不同 T_e 对应的曲线形态也明显不同。因此，考虑地下荷载很有必要。

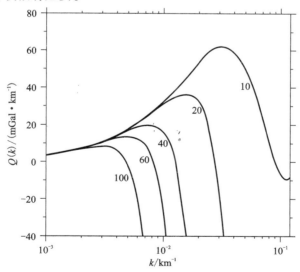

图 2 – 8 地下荷载作用下理论自由空气重力异常导纳曲线

图中数值表示 T_e 值，单位为 km；地下荷载和 Moho 面平均深度均为 35 km，$\rho_c = 2670\ \mathrm{kg/m^3}$，$\rho_f = 0$

（3）Moho 荷载和地表荷载共同作用

由于地下荷载形式多种多样，在地下情况未知时，很难估计地下荷载的具体深度，在开展岩石圈弹性厚度的研究中，一般认为地下荷载和挠曲均衡面位于

Moho 面。这里推导 Moho 面荷载和地表荷载共同作用下的导纳函数。由前面的推导可知，地表和 Moho 面地下荷载产生的重力异常分别为：

$$\Delta g(k)_{\text{surfaceload}} = 2\pi G(\rho_c - \rho_f)\left[1 - \Phi_e(k)e^{-kz_m}\right]H_T(k)$$

$$\Delta g(k)_{\text{Mohoload}} = 2\pi G(\rho_c - \rho_f)\left[1 - \frac{e^{-kz_m}}{\Phi_e''(k)}\right]H_B(k)$$

当地下荷载和地表荷载同时作用时，地表产生的总自由空气重力异常值 $\Delta g(k)_{\text{total}}$ 为两种荷载作用产生的自由空气重力异常之和，即：

$$\Delta g(k)_{\text{total}} = 2\pi G(\rho_c - \rho_f)\left[H_T(k) + H_B(k) - \Phi_e(k)e^{-kz_m}H_T(k) - \frac{e^{-kz_m}}{\Phi_e''(k)}H_B(k)\right]$$

$$(2-40)$$

假定初始地下 Moho 面荷载和地表荷载比 f 为

$$f = \frac{(\rho_m - \rho_c)W_i}{(\rho_c - \rho_f)H_i} \tag{2-41}$$

根据空间域初始荷载与变形分量的关系式(2 – 12)和式(2 – 13)，经傅里叶变换得波数域的关系式为

$$H_i = H_T - W_T \tag{2-42}$$

$$W_i = W_B - H_B \tag{2-43}$$

同时利用式(2 – 10)、式(2 – 11)和式(2 – 28)，可得

$$f = \frac{(\rho_m - \rho_c)|H_B|}{\Phi_e(\rho_c - \rho_f)H_T} \tag{2-44}$$

设 $r = (\rho_c - \rho_f)/(\rho_m - \rho_c)$，式(2 – 44)可简化为 $|H_B|/H_T = fr\Phi_e$。由于 $H_B + H_T = H$，变形分量 H_T 和 H_B 可以转换为地表地形 H 的函数：

$$H_T = \frac{1}{1 + fr\Phi_e}H, \ H_B = \frac{fr\Phi_e}{1 + fr\Phi_e}H$$

代入到式(2 – 40)，得

$$\Delta g(k)_{\text{total}} = 2\pi G(\rho_c - \rho_f)\left\{1 - e^{-kz_m}\left[\frac{\Phi_e(k)}{1 + fr\Phi_e} + \frac{fr\Phi_e}{(1 + fr\Phi_e)\Phi_e''(k)}\right]\right\}H(k)$$

$$(2-45)$$

因此，两种荷载共同作用下，理论自由空气异常导纳函数为：

$$Q(k) = 2\pi G(\rho_c - \rho_f)\left\{1 - \frac{e^{-kz_m}}{1 + fr\Phi_e}\left[\Phi_e(k) + \frac{fr\Phi_e}{\Phi_e''(k)}\right]\right\} \tag{2-46}$$

设置

$$\xi = \frac{1}{\Phi_e(k)}, \quad \varphi = \frac{1}{\Phi_e''(k)} \tag{2-47}$$

式(2 – 46)可以简化为：

$$Q(k) = 2\pi G(\rho_c - \rho_f)\left(1 - e^{-kz_m}\frac{1+fr\varphi}{\xi+fr}\right) \qquad (2-48)$$

2.3.2　布格重力异常导纳函数

对于大陆岩石圈，大量学者采用布格重力异常来研究岩石圈弹性厚度，因为布格重力异常不包含地表地形产生的重力效应，只反映地下密度界面起伏的重力效应。对于地表荷载，布格重力异常主要是地下均衡补偿面挠曲产生的重力异常，由式（2-28）和式（2-30）可得布格重力异常导纳函数为：

$$Q(k) = -2\pi G(\rho_c - \rho_f)\Phi_e(k)e^{-kz_m} \qquad (2-49)$$

同理，地下荷载作用时，布格重力异常和地形的导纳函数为：

$$Q(k) = 2\pi G\left[(\rho_m - \rho_c)e^{-kz_m} - \frac{(\rho_m - \rho_f)e^{-kz_L}}{\Phi'_e(k)}\right] \qquad (2-50)$$

当地下荷载在 Moho 面，即均衡面（$z_L = z_m$）时，布格重力异常导纳为：

$$Q(k) = -2\pi G(\rho_c - \rho_f)\frac{e^{-kz_m}}{\Phi''_e(k)} \qquad (2-51)$$

在地表荷载和地下荷载作用下的理论布格重力异常导纳函数随波长 k 和 T_e 的变化曲线如图 2-9 所示。对比图 2-7、图 2-8 和图 2-9，可以看到布格重力异常导纳和自由空气重力异常导纳曲线形态一致，差值为常值 $2\pi G(\rho_c - \rho_f)$。此外，

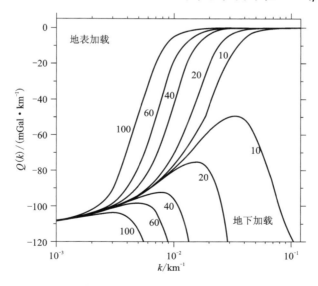

图 2-9　地表和地下荷载作用的布格重力异常导纳曲线

图中数值为 T_e 值（km），$\rho_c = 2670~\mathrm{kg/m^3}$，$\rho_f = 0$，$\rho_m = 3300~\mathrm{kg/m^3}$，地下荷载和 Moho 面平均深度均为 35 km。

由图 2 – 9 可知,地表荷载对应的导纳曲线均在短波长(即高波数)处达到零值,这是由于界面起伏的重力信号以指数函数 $\exp(-kz_m)$ 的形式衰减的缘故。但是,随着 T_e 增加,转折波长位置向长波长移动,导纳曲线在较长波长处衰减为零,这是由于较强的弹性板支撑了一定波长的地形荷载而不产生密度界面的挠曲变形,从而不产生相应的重力信号。

推导可得在地表和地下 Moho 面荷载共同作用时,理论布格重力异常导纳函数为:

$$Q(k) = -2\pi G(\rho_c - \rho_f) \frac{\mathrm{e}^{-kz_m}}{1 + fr\Phi_e}\Big[\Phi_e(k) + \frac{fr\Phi_e}{\Phi_e''(k)}\Big] \qquad (2-52)$$

其简化形式为:

$$Q(k) = 2\pi G(\rho_c - \rho_f)\Big(\mathrm{e}^{-kz_m} \frac{1 + fr\varphi}{\xi + fr}\Big) \qquad (2-53)$$

2.4　地形和重力异常导纳法

由 2.3 节分析可知,地形和重力异常的导纳函数随 T_e 值不同而变化,利用实测地形和重力异常数据获得实测导纳,对比理论导纳曲线,根据转折波长的位置估计 T_e 值。

2.4.1　实测导纳

以上推导均为理论导纳函数,对于实际数据,为了尽量减少实测地形和重力异常数据中误差的影响,一般采用统计的方法(例如分波段平均)计算实际导纳函数值[94]:

$$Q_{\mathrm{obs}}(k) = \frac{\langle B(\boldsymbol{k})H^*(\boldsymbol{k})\rangle}{\langle H(\boldsymbol{k})H^*(\boldsymbol{k})\rangle} \qquad (2-54)$$

其中,B 为重力异常的傅里叶变换(自由空气异常谱或布格重力异常谱);H 为地形谱;$\boldsymbol{k} = (k_x, k_y)$ 为二维波数;$k = |\boldsymbol{k}| = \sqrt{k_x^2 + k_y^2}$,尖括号表示离散波数的环带平均,将二维数据转换为一维;星号表示共轭。

2.4.2　模型导纳

通过假定岩石圈模型,可以建立模型导纳,这里直接考虑地表和地下荷载的联合模型。假定地下荷载加载和均衡面均为 Moho 面,且地表荷载和地下荷载不相关(也即具有随机相位差),经过波数段统计平均,交叉项将被消除,导纳函数式(2 – 54)可展开转化为[94]:

$$Q_{\mathrm{pre}}(k) = \frac{|\langle B_T H_T^* + B_B H_B^*\rangle|}{\langle H_T H_T^* + H_B H_B^*\rangle} \qquad (2-55)$$

根据初始荷载比率与变形分量的关系式(2-10)、式(2-11)、式(2-28)、式(2-42)和式(2-43),代入式(2-55),可得基于统计平均的布格重力异常理论导纳表达式为:

$$Q_{BG}(k) = -2\pi G(\rho_c - \rho_f) \mathrm{e}^{-kz_m} \left(\frac{\varphi f^2 r^2 + \xi}{\xi^2 + f^2 r^2} \right)$$

$$\xi = \frac{1}{\Phi_e(k)}, \quad \varphi = \frac{1}{\Phi_e''(k)}, \quad r = (\rho_c - \rho_f)/(\rho_m - \rho_c) \tag{2-56}$$

同理,可得基于统计平均的理论自由空气重力异常导纳函数为

$$Q_{FA}(k) = 2\pi G(\rho_c - \rho_f) \left(1 - \mathrm{e}^{-kz_m} \frac{\varphi f^2 r^2 + \xi}{\xi^2 + f^2 r^2} \right) \tag{2-57}$$

利用式(2-56)和式(2-57),绘制 T_e 和荷载比率 f 随波数变化的理论布格重力异常导纳函数和自由空气重力异常导纳,如图 2-10 和图 2-11 所示。对比可知,两类重力异常的导纳曲线除幅值有所变化外,导纳曲线形态基本一致。图 2-10(a)和图 2-11(a)为 T_e = 40 km 时,不同地表和地下荷载比率对应的导纳曲线。在 T_e 恒定的情况下,地表和地下荷载比率变化会导致导纳函数的转折波长发生很大变化。当荷载比率较小时($\leqslant 1$),导纳曲线的形态和仅存在地表荷载时基本一致;当地下荷载比率幅值较大时(例如 $\geqslant 2$),导纳函数转折波长向高波数移动显著,且在转折波长处出现极低值。因此,存在较为明显的地下荷载时,如果仅用地表荷载的导纳进行反演,T_e 会被远远低估,且荷载比率的横向变化会导致 T_e 的结果不唯一。此外,如图 2-10(b)和 2-11(b)所示,即便 f 恒定,不同的 T_e 的导纳存在部分交叉,在一定程度上会影响最终结果的准确求取。

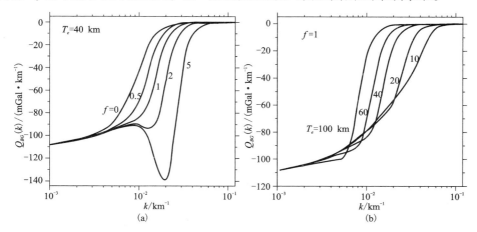

图 2-10 布格重力异常导纳函数的荷载比率和 T_e 值

(a) T_e = 40 km 随荷载比率变化曲线;(b) 荷载比率 f = 1 随 T_e 变化曲线,T_e 单位为 km。ρ_c = 2670 kg/m³,ρ_f = 0,ρ_m = 3300 kg/m³,z_m = 35 km

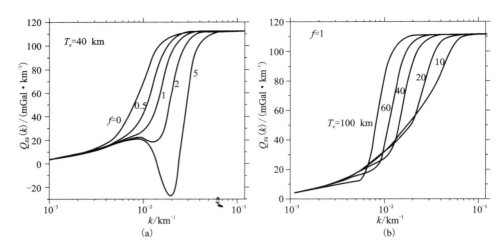

图 2 - 11   理论自由空气重力异常导纳函数的荷载比率和 T_e 值

（a）T_e = 40 km 随荷载比率变化曲线；（b）荷载比率 f = 1，随 T_e 变化曲线，T_e 单位为 km。

ρ_c = 2670 kg/m^3，ρ_f = 0，ρ_m = 3300 kg/m^3，z_m = 35km

由上述分析可知，利用理论导纳曲线可以估计岩石圈的 T_e。首先，通过实际地形和重力异常数据求得实际的导纳值；然后选择一定的弹性厚度模型和初始荷载比率，计算其理论导纳值；进而与实测导纳值比较，修改弹性模型参数求取拟合最好的模型，即为反演的最优 T_e，这种反演 T_e 的方法称为理论导纳法。由于数据误差以及谱计算方法的影响，所求的实测导纳曲线会发生变化和偏移，与理论导纳曲线存在较大差异；另外，由于反演过程中一般假定地表和地下荷载比率恒定且不随波数变化，所以采用理论导纳法反演的 T_e 可能与实际结果存在较大偏差。

2.4.3 预测导纳

对于实际地球，地表和地下荷载比率一般不均一，且随波数变化，利用实测地形和布格重力异常数据，可以直接得到地表和地下初始荷载，同时可得到随波数变化的荷载比率，再得到地表和地下变形分量，进而计算预测导纳。

利用波数域初始荷载和变形的关系式（2 - 42）、式（2 - 43）和波数域变形分量关系式（2 - 28）和式（2 - 33），得到波数域的地表和 Moho 面地形分量（H_T，H_B，W_T，W_B）与初始荷载 H_i 和 W_i 的关系[19]：

$$W_B = v_B W_i, \quad v_B = 1 - \Delta\rho_2/\varphi$$
$$W_T = v_T H_i, \quad v_T = -\Delta\rho_1/\varphi$$
$$H_B = k_B W_i, \quad k_B = -\Delta\rho_2/\varphi \qquad (2-58)$$
$$H_T = k_T H_i, \quad k_T = 1 - \Delta\rho_1/\varphi$$

$$\varphi = Dk^4/g + \rho_m - \rho_f; \quad \Delta\rho_1 = \rho_c - \rho_f; \quad \Delta\rho_2 = \rho_m - \rho_c$$

分量之和为地表地形 H 和 Moho 地形 W：

$$H = H_T + H_B$$
$$W = W_T + W_B \qquad (2-59)$$

自由空气异常谱 F 与地表地形谱 H 和 Moho 面地形谱 W 的一级近似公式为[81]：

$$F = 2\pi G\Delta\rho_1 H + 2\pi G\Delta\rho_2 e^{-|k|z_m} W \qquad (2-60)$$

利用式(2-58)和式(2-60)可得，地表荷载和地下荷载产生的自由空气异常分量(F_T 和 F_B)与初始荷载 H_i 和 W_i 的关系为：

$$F_B = \lambda_B W_i, \quad \lambda_B = 2\pi G(\Delta\rho_1 k_B + \Delta\rho_2 e^{-|k|z_m} v_B)$$
$$F_T = \lambda_T H_i, \quad \lambda_T = 2\pi G(\Delta\rho_1 k_T + \Delta\rho_2 e^{-|k|z_m} v_T) \qquad (2-61)$$

由此可建立如下方程：

$$\begin{pmatrix} F \\ H \end{pmatrix} = \begin{pmatrix} \lambda_B & \lambda_T \\ k_B & k_T \end{pmatrix} \begin{pmatrix} W_i \\ H_i \end{pmatrix} \qquad (2-62)$$

转换变形后，可得地表和地下初始荷载分别为：

$$H_i = \frac{\lambda_B H - k_B F}{\lambda_B k_T - \mu_T k_B}$$
$$W_i = \frac{-\lambda_T H + k_T F}{\lambda_B k_T - \mu_T k_B} \qquad (2-63)$$

因此，已知地形 H 和自由空气重力异常谱 F，利用式(2-63)可以得到初始荷载，进而利用式(2-58)计算其分量 H_T, H_B, W_T, W_B。利用模型导纳公式(2-55)即可得到预测自由空气异常导纳。依此原理，将上述公式(2-58)、式(2-61)带入自由空气异常模型导纳公式：

$$Q_{\text{pre}}(k) = \frac{|\langle F_T H_T^* + F_B H_B^* \rangle|}{\langle H_T H_T^* + H_B H_B^* \rangle} \qquad (2-55)$$

可得预测自由空气异常导纳表达式为：

$$Q_{\text{pre}}(k) = \frac{\lambda_T k_T \langle |H_i|^2 \rangle + \lambda_B k_B \langle |W_i|^2 \rangle}{k_T^2 \langle |H_i|^2 \rangle + k_B^2 \langle |W_i|^2 \rangle} \qquad (2-64)$$

设基于环带平均的初始荷载比率

$$f^2(k) = \frac{\langle |W_i|^2 \rangle}{r^2 \langle |H_i|^2 \rangle}; \quad r = \Delta\rho_1 / \Delta\rho_2 \tag{2-65}$$

预测自由空气重力异常导纳简化为:

$$Q_{\text{pre}}(k) = \frac{\lambda_T k_T + \lambda_B k_B f^2 r^2}{k_T^2 + k_B^2 f^2 r^2} \tag{2-67}$$

其中,f 是随 k 变化的函数,由表达式(2-65)确定。$f(k)=0$ 时对应完全地表加载的导纳,而对于所有波数 $f(k) = \infty$ 对应完全地下荷载作用的导纳。

下面推导预测布格重力异常导纳公式。同理,利用 Moho 地形谱 W 与布格重力异常谱 B 的一级近似关系[19, 94]:

$$W = \frac{B e^{|k|z_m}}{2\pi G \Delta\rho_2} \tag{2-68}$$

布格重力异常分量与初始荷载的关系是

$$\begin{aligned} B_B &= \mu_B W_i \\ B_T &= \mu_T H_i \end{aligned} \tag{2-69}$$

$$\mu_B = 2\pi G \Delta\rho_2 e^{-|k|z_m} v_B$$

$$\mu_T = 2\pi G \Delta\rho_2 e^{-|k|z_m} v_T$$

$$\begin{pmatrix} B \\ H \end{pmatrix} = \begin{pmatrix} \mu_B & \mu_T \\ k_B & k_T \end{pmatrix} \begin{pmatrix} W_i \\ H_i \end{pmatrix} \tag{2-70}$$

由式(2-70)可得地表和地下初始荷载分别为:

$$H_i = \frac{\mu_B H - k_B B}{\mu_B k_T - \mu_T k_B}$$

$$W_i = \frac{-\mu_T H + k_T B}{\mu_B k_T - \mu_T k_B} \tag{2-71}$$

同理,利用式(2-58)和式(2-69)以及布格重力异常模型导纳公式(2-55),可得到预测布格重力异常导纳:

$$Q_{\text{pre}}(k) = \frac{\mu_T k_T \langle |H_i|^2 \rangle + \mu_B k_B \langle |W_i|^2 \rangle}{k_T^2 \langle |H_i|^2 \rangle + k_B^2 \langle |W_i|^2 \rangle} \tag{2-72}$$

利用荷载比率等式(2-65),可将上式简化为:

$$Q_{\text{pre}}(k) = \frac{\mu_T k_T + \mu_B k_B f^2 r^2}{k_T^2 + k_B^2 f^2 r^2} \tag{2-73}$$

利用地形 H 和布格重力异常谱 B 和式(2-71)可以计算初始荷载和荷载比率,利用式(2-73)即可得到预测布格重力异常导纳。通过拟合观测导纳和预测导纳值,即可反演最优的 T_e 值。

2.5　地形和重力异常谱相关法

从前面的均衡响应和导纳函数分析可知，当岩石圈受到荷载作用时，岩石圈的密度分界面会产生均衡挠曲变形，而地下密度界面起伏会产生布格重力异常。因而，地表地形和布格重力异常之间必然存在一定的相关性，而通过该相关性的变化，可以确定岩石圈的弹性参数。相关法和导纳法很类似，同样基于分析地形和重力异常之间随波长变化的关系，不过相比导纳法而言，相关法更容易让人理解。

简单来讲，相关法基本原理可以理解为：对于波长较长的荷载，岩石圈挠曲变形较为明显，产生的重力异常与地表地形可能完全相关，因此地形和布格重力异常相关度趋近于 1，在这些波长处岩石圈均衡趋向于 Airy 局部均衡模式；而对于短波长荷载，由于岩石圈具有一定的弹性刚度，短波长的地形对岩石圈产生的挠曲会较小或岩石圈基本不挠曲，从而不产生布格重力异常，这种情况下，地形和重力异常相关度较小，趋近于 0。随着地形波长的变化，地形和重力异常之间的相关度从 1 变为 0 的关键转换波长，或称特征波长（一般定义相关度为 0.5），提供了哪种荷载波长被局部均衡和哪种荷载波长被岩石圈强度支撑的信息[83]，关键转换波长的位置取决于地球岩石圈的弹性厚度（或强度）。通常，岩石圈有效弹性厚度越厚或刚性越大，其对应的转折波长越趋向于长波长[85]。

由于岩石圈挠曲程度主要由岩石圈本身的弹性性质（弹性刚度或弹性厚度）和荷载波长决定。因此，可以通过观测地表地形起伏和地下密度界面起伏引起的布格重力异常，计算它们之间随波长变化的频率域谱相关度（称为实测相关度），并与理论弹性板模型求解的预测相关度比较，利用最优化方法迭代即可反演岩石圈有效弹性厚度。本节主要介绍谱相关法的原理及其反演 T_e 的过程。

2.5.1　实测相关度

由于地形和布格重力异常的相关度是波长的函数，利用地形和布格重力异常的互功率谱与自功率谱，实测相关度 $\gamma_{\mathrm{obs}}^2(\boldsymbol{k})$ 定义[93, 94] 为：

$$\gamma_{\mathrm{obs}}^2(\boldsymbol{k}) = \frac{\left| \langle B(\boldsymbol{k}) H^*(\boldsymbol{k}) \rangle \right|^2}{\langle B(\boldsymbol{k}) B^*(\boldsymbol{k}) \rangle \langle H(\boldsymbol{k}) H^*(\boldsymbol{k}) \rangle} \qquad (2-74)$$

类似于导纳公式（2-54），B 为布格重力异常谱；H 为地形谱；尖括号表示波数的环带平均，将二维数据转换为一维；星号表示共轭。$\boldsymbol{k} = (k_x, k_y)$ 为二维波数；$k = |\boldsymbol{k}| = \sqrt{k_x^2 + k_y^2}$。

2.5.2 理论相关度

本章 2.3 节已经提到在分析地表荷载的同时，有必要考虑地下荷载的影响。因此，在相关法中我们直接考虑联合地表和地下荷载的岩石圈均衡模型。假定地下荷载加载在 Moho 面，均衡面为 Moho 面，且地表荷载和地下荷载不相关（随机相位），经波数段统计平均，交叉谱项（如 $H_T H_B$、$H_B B_T$）被消除（为零），相关度公式（2 - 74）可展开转化[94]为：

$$\gamma_{\text{pre}}^2(k) = \frac{|\langle B_T H_T^* + B_B H_B^* \rangle|^2}{\langle H_T H_T^* + H_B H_B^* \rangle \langle B_T B_T^* + B_B B_B^* \rangle} \qquad (2 - 75)$$

其中，$\gamma_{\text{pre}}^2(k)$ 称为模型相关度；H_T，H_B，B_T，B_B 分别为地表荷载对地表地形的贡献分量，地下荷载对地表地形的贡献分量，地表荷载对 Moho 面地形的贡献分量，地下荷载对 Moho 面地形的贡献分量。

将变形分量 H_T，H_B，B_T 和 B_B 的关系式（2 - 28）、式（2 - 33）及地表和地下荷载比例公式（2 - 44），代入模型相关度式（2 - 75），可得到地形和布格重力异常理论相关度 $\gamma_t^2(k)$ 的表达式：

$$\gamma_t^2(k) = \frac{(\xi + \varphi f^2 r^2)^2}{(\xi^2 + f^2 r^2)(1 + \varphi^2 f^2 r^2)}$$

$$\xi = \frac{1}{\Phi_e(k)}, \quad \varphi = \frac{1}{\Phi_e''(k)}, \quad r = (\rho_c - \rho_f)/(\rho_m - \rho_c) \qquad (2 - 76)$$

由式（2 - 76）可知，理论相关度也是 T_e 和 f 的函数，其随 T_e 和 f 变化的曲线如图 2 - 12 所示。图 2 - 12(a) 为 $T_e = 40$ km 时，不同地表和地下荷载比率的理论相关度曲线。相比图 2 - 10(a) 的导纳函数曲线，两者随荷载比率的变化存在较大差异，相关度受荷载比率影响较小，特别是当荷载比率小于 1 时，相关度的转折波长基本重合；当荷载比率大于 1 时，相关度曲线的转折波长略微向高波数移动，但是相比导纳曲线而言位移量小很多。这充分说明相关法反演 T_e 时，受荷载比率影响的不确定性较小。图 2 - 12(b) 为假定荷载比率等于 1 时，不同 T_e 的相关度随波数变化的曲线。由图 2 - 12(b) 可知，不同 T_e 的相关度曲线具有明显的转折波长，且随着 T_e 的增加转折波长位置从高波数向低波数转移，这表明岩石圈有效弹性厚度越厚或刚性越大，其对应的转折波长越趋向于长波长。

利用理论相关度和图 2 - 12 实测相关度比较可以计算 T_e，此时必须假定 f 为一常值，因此称为均一荷载比率法。实测相关度由实测地形和布格重力异常数据计算，由于数据误差以及谱计算方法的影响，所求的实测相关度会发生变化和偏移，与理论相关度曲线存在较大差异，所以采用均一荷载比率法反演的 T_e 与实际 T_e 可能存在较大偏差。

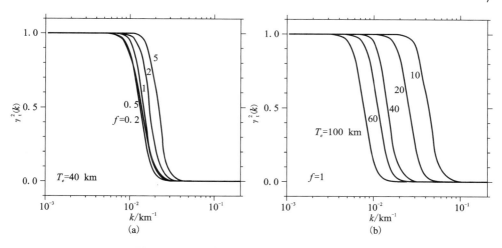

图 2 - 12　理论相关度随 T_e 和 f 的变化曲线

（a）$T_e = 40$ km 时，f 为变量的理论相关度曲线；（b）$f = 1$ 时，相关度随 T_e 的变化曲线，
T_e 的单位为 km，其他参数 $\rho_c = 2670$ kg/m³，$\rho_f = 0$，$\rho_m = 3300$ kg/m³

2.5.3　预测相关度

根据本章 2.4.3 节的分析，将变形分量 H_T，H_B，W_T，W_B 和初始荷载 H_i 和 W_i 的
关系式（2 - 58），代入模型相关度公式（2 - 75）可得预测相关度表达式：

$$\gamma_{\text{pre}}^2(k) = \frac{(\mu_T k_T \langle |H_i|^2 \rangle + \mu_B k_B \langle |W_i|^2 \rangle)^2}{(\mu_T^2 \langle |H_i|^2 \rangle + \mu_B^2 \langle |W_i|^2 \rangle)(k_T^2 \langle |H_i|^2 \rangle + k_B^2 \langle |W_i|^2 \rangle)}$$

$$(2 - 76)$$

利用荷载比率等式（2 - 65），将式（2 - 67）化简为：

$$\gamma_{\text{pre}}^2(k) = \frac{(\mu_T k_T + \mu_B k_B f^2 r^2)^2}{(\mu_T^2 + \mu_B^2 f^2 r^2)(k_T^2 + k_B^2 f^2 r^2)}$$

$$(2 - 76)$$

计算实测地形和布格重力异常谱，利用公式（2 - 71）计算初始荷载 H_i 和 W_i
及其荷载比率 $f(k)$，并代入式（2 - 76）可得预测相关度。由于 ρ_f 的不同，为了避
免陆地地区和海洋地区分开反演，根据均衡等效原理[174]可以将海底地形及海水
荷载转换为等效的陆地地形，转换后的海底地形为：$h' = (\rho_c - \rho_w)h/\rho_c$，其中 ρ_w
为海水的密度。

以上弹性均衡模型均假定岩石圈为简单的两层模型，即岩石圈仅分为地壳和
地幔，其密度界面只有两层，即地壳和地表空气或海水的密度界面，以及地壳和
地幔密度界面（Moho 面）。但是对于实际地球岩石圈，通常并非简单的两层，例如
地壳内部存在密度差异的上地壳和下地壳，有些地区甚至可分出中地壳。就多层

岩石圈模型而言，其初始荷载求解过程相对复杂，详细推导见附录2。

2.6 各向同性小波谱分析

在计算导纳和相关度时，需要计算地形和重力异常自功率谱和互功率谱，传统的方法是直接采用快速傅里叶变换和波数平均。实际进行谱的估计时，往往由于用于功率谱计算的数据区域有限，相当于运用了一个矩形数据窗，使得估计的功率谱存在较大偏差。早期自功率谱和互功率谱计算主要采用周期图法（Pervical 和 Walden[178]），对于二维谱情况，一般通过波数域的环带平均获得各向同性的导纳或相关度。周期图法虽然直观，但是估计的谱并不精确，这主要是由于求取的功率谱存在频率泄露，使得计算的导纳或相关值产生偏移。频率泄露是一个谐波的能量泄漏到邻近的谐波，使得它们的能谱产生偏移的现象，它一般由采样率低产生的混淆现象、数据边界的吉普斯效应或数据加窗等原因引起[83]。

为了改善周期图谱估计的频率泄露问题，一些新的谱计算方法被引入岩石圈的挠曲研究，包括：最大熵法[149]、多窗谱法[85, 141]、小波法[152, 153]等。其中最大熵法主要目的是减弱数据加窗的影响，而多窗谱法反演结果受限于计算窗口尺寸。恒定尺寸的滑动窗口限制或截断了部分反演 T_e 的转折波长（特别是中等 – 较大 T_e 的转折波长），致使反演的结果存在低估。由于小波法不需要加窗，通过小波变换能实现多尺度变化，克服了窗口法的问题，被广泛用于 T_e 的研究。这里主要介绍小波法反演 T_e 的原理。

Stark 等[152]采用二维高斯张量小波，最先将连续小波变换引入 T_e 的研究，通过用自功率谱和互功率谱对每个张量分量进行平均来计算小波导纳和相关度。但是，高斯小波不能精确地生成傅里叶能谱[179]。随后，Kirby 和 Swain[153]引入了二维 Morlet 小波来开展 T_e 的研究。由于 Morlet 小波是各向异性的，可以通过对一系列不同方位角的自相关和互相关谱进行平均计算导纳和相关度；当方位角平均范围为"180°"的扇形时，可以获得各向同性的谱[179, 180]，该方法被称为 Fan 小波法。

2.6.1 Fan 小波

Fan 小波是由一系列不同方位角的二维 Morlet 小波平均叠加形成的复小波。其中，Morlet 小波是具有方向的复小波，其空间域表达式为：

$$\psi(\boldsymbol{x}) = e^{i\boldsymbol{k}_0 \boldsymbol{x}} e^{-|\boldsymbol{x}|^2/2}$$

频率域形式为[179]：

$$\begin{aligned}\hat{\psi}(\boldsymbol{k}) &= e^{-|\boldsymbol{k}-\boldsymbol{k}_0|^2/2} \\ &= e^{-[(u-|\boldsymbol{k}_0|\cos\theta)^2+(v-|\boldsymbol{k}_0|\sin\theta)^2]/2}\end{aligned}$$

$$(2-77)$$

其中，(u, v) 为二维波数变量（u 为 x 方向的波数，v 为 y 方向波数）；$k_0 = (|k_0| \cos\theta, |k_0| \sin\theta)$，$\theta$ 为 Morlet 小波的分辨率方向角；$|k_0|$ 为初始 Morlet 小波中心波数。为了保证容许性条件，$|k_0|$ 一般选取固定值，$|k_0| = \pi \sqrt{2/\ln 2} \approx 5.336^{[179,\,181]}$。

为了提高反演 T_e 的空间分辨率，Kirby 和 Swain[19] 通过调整 Morlet 小波中心波数 $|k_0|$ 值，改进了 Fan 小波方法。对于 $|k_0| < 5$ 时，Morlet 小波空间域的平均值不近似为零，不满足小波零均值的条件，但是能提供更好的空间分辨率。因此，为了提高 Fan 小波的空间分辨率又同时满足小波的容许性条件，Kirby 和 Swain[19] 提出用完全 Morlet 小波构建 Fan 小波。完全 Morlet 小波的空间域形式为：

$$\psi(x) = (e^{ik_0 x} - e^{-|k_0|^2/2}) e^{-|x|^2/2}$$

其频率域表达式[19, 181] 为

$$\hat{\psi}(k) = e^{-|k-k_0|^2/2} - e^{-(|k|^2 - |k_0|^2)/2}$$
$$= e^{-[(u-|k_0|\cos\theta_j)^2 + (v-|k_0|\sin\theta_j)^2]/2} - e^{-(u^2+v^2-|k_0|^2)/2} \qquad (2-78)$$

其中，$|k_0|$ 通常可取 2.668、3.081、3.773、5.336 和 7.547，对应为 Morlet 小波空间域第一旁瓣和中心的幅值比分别为 $1/16$、$1/8$、$1/4$、$1/2$ 和 $1/\sqrt{2}$ [19]。中心波数为 3.773 和 5.336 的 Morlet 小波如图 2 - 13 所示。

从图 2 - 13 可知，$|k_0| = 3.773$ 的小波中心幅值较 $|k_0| = 5.336$ 高，而旁瓣前者较后者低，因而有效地提高了空间分辨率。相反，$|k_0| = 5.336$ 对应的频率域幅值较 $|k_0| = 3.773$ 高且窄。由此可见，高 $|k_0|$ 具有较低的空间分辨率和高的频率分辨率，而低 $|k_0|$ 具有较高的空间分辨率和低的频率分辨率。

基于不同方位角的 Morlet 小波叠加平均构建的二维 Fan 小波形式如下[179]：

$$\hat{\psi}^S(k) = \frac{1}{N_\theta} \sum_{j=0}^{N_\theta-1} e^{-[(u-|k_0|\cos\theta_j)^2 + (v-|k_0|\sin\theta_j)^2]/2} \qquad (2-79)$$

其中，N_θ 是叠加的 Morlet 小波总数，计算公式为：$N_\theta = \mathrm{int}(\Delta\theta/\delta\theta)$，int 表示取整，$\Delta\theta$ 为方位角范围；当 $\Delta\theta = 180°$ 时，Fan 小波为各向同性的（如图 2 - 14 所示）；$\delta\theta$ 为方位角增量，取值一般为

$$\delta\theta = \frac{2\sqrt{-2/\ln p}}{|k_0|}$$

其中，$0 < p < 1$；当 $2\delta\theta < \Delta\theta < 180°$ 时，Fan 小波具有方向性，可用于各向异性的计算。；θ_j 为 Morlet 小波的方位角，$j = 0, 1, 2, \cdots, N_\theta - 1$。

基于完全 Morlet 小波构建的 Fan 小波为：

$$\hat{\psi}^S(k) = \frac{1}{N_\theta} \sum_{j=0}^{N_\theta-1} e^{-[(u-|k_0|\cos\theta_j)^2 + (v-|k_0|\sin\theta_j)^2]/2} - e^{-(u^2+v^2-|k_0|^2)/2} \qquad (2-80)$$

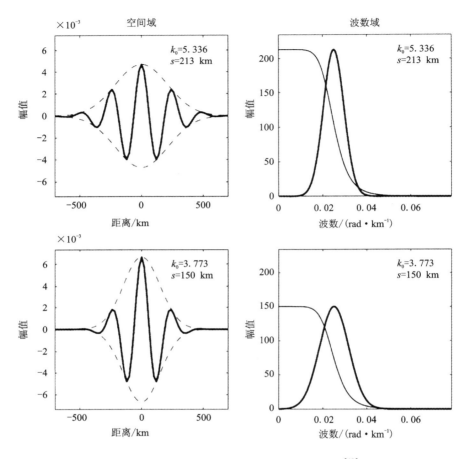

图 2 - 13   不同 $|k_0|$ 对应的完全 Morlet 小波[19]

左边为空间域实部,右边为波数域,波数域中黑色实线为 T_e = 20 km,f = 1 时小波相关度

2.6.2　Fan 小波相关法

传统导纳和相关度计算通常采用快速傅里叶变换求取地形和重力异常的自功率谱和互功率谱,利用波数环带平均(二维情况下)计算导纳和相关度。基于 Fan 小波的导纳法和相关法采用的是对地形和重力异常进行一系列尺度和方位角的 Morlet 小波变换,进而利用方位角平均求取地形和重力异常小波系数的自功率谱和互相关谱,进而计算相关度。

由于小波变换是对信号和一组不同尺度的小波进行空间卷积,利用傅里叶变换可以将空间域的卷积运算转换为频率域乘积运算,同时利用快速傅里叶变换可

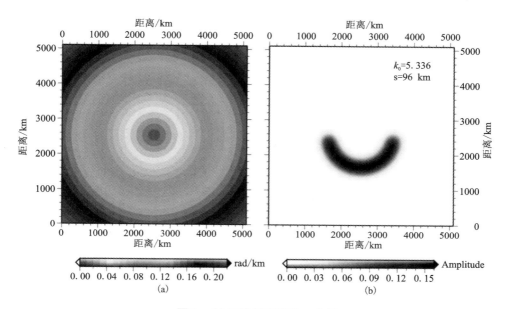

图 2 - 14 二维频率域 Fan 小波

（a）数据范围为 5100 km × 5100 km 的二维波数；（b）中心波数 $|\boldsymbol{k}_0|$ 为 5.336，尺度 s 为 96 km 的 Fan 小波

以大大减少运算时间。频率域尺度 s、方位角 θ 的二维 Morlet 的子小波为：

$$\hat{\psi}^{M}_{s,\theta}(\boldsymbol{k}) = se^{-\left[(su - |\boldsymbol{k}_0|\cos\theta_j)^2 + (sv - |\boldsymbol{k}_0|\sin\theta_j)^2\right]/2} \qquad (2-81)$$

在连续小波变换中，尺度 s 的选取可以是任意的。通常根据 Nyquist 采样定律得到小波尺度，最小尺度为最小波长的两倍

$$s_0 = \frac{\lambda_{\min}}{2\pi}|\boldsymbol{k}_0|$$

其他各阶尺度为：

$$s_n = s_0 2^{n\Delta s}; \ n = 0, 1, 2, \cdots, ns; \ ns = \Delta s^{-1}\log_2(N\Delta s/s_0)$$

其中，N 是数据个数；Δs 为尺度增量，Δs 越小尺度分辨率越高，对于 Morlet 小波 Δs 应不超过 0.5。Morlet 小波尺度对应的傅里叶波数的转换关系[19, 179] 为：$k = |\boldsymbol{k}_0|/s$。

重力异常数据 $b(\boldsymbol{x})$，在尺度 s 和方位角 θ 的 Morlet 小波变换系数 $B_{sx\theta}$ 为：

$$B_{sx\theta} \equiv B^M(s, \boldsymbol{x}, \theta) = \mathrm{F}^{-1}\{B(\boldsymbol{k})\hat{\boldsymbol{\Psi}}^{M}_{s,\theta}(\boldsymbol{k})\} \qquad (2-82)$$

其中，$B(\boldsymbol{k})$ 为重力异常的傅里叶变换；F^{-1} 表示反傅里叶变换。同理，可以得到地形 $h(\boldsymbol{x})$ 的 Morlet 小波变换系数 $H_{sx\theta}$。

在 T_e 反演中，采用 Fan 小波估计 T_e 时的平均方式通常是 Morlet 小波叠加方位角的平均。因此，地形和重力异常的互相关为：

$$\langle B_{sx\theta}H_{sx\theta}^* \rangle_\theta = \frac{1}{N_\theta}\sum_{j=1}^{N_\theta}\{B_{sx\theta_j}H_{sx\theta_j}^*\} \qquad (2-83)$$

其中，尖括号 $<>_\theta$ 表示 N_θ 个 Morlet 小波方位角的平均。同理可以计算地形和重力异常的自相关。

将基于 Fan 小波的自相关和互相关代入实测相关度公式(2-74)，可得地形和重力异常的 Fan 小波实测相关度：

$$\gamma_{\mathrm{obs}}^2(s,\boldsymbol{x}) = \frac{|\langle B_{sx\theta}H_{sx\theta}^* \rangle_\theta|^2}{\langle B_{sx\theta}B_{sx\theta}^* \rangle_\theta \langle H_{sx\theta}H_{sx\theta}^* \rangle_\theta} \qquad (2-84)$$

根据本章 2.5 节预测相关度的计算方法和各变形分量与初始荷载的关系，得到基于地形和布格异常的 Fan 小波预测相关度 $\gamma_{\mathrm{pre}}^2(s,\boldsymbol{x})$ 为[19]：

$$\gamma_{\mathrm{pre}}^2(s,\boldsymbol{x}) = \frac{(\mu_T k_T \langle |H_i|^2 \rangle_\theta + \mu_B k_B \langle |W_i|^2 \rangle_\theta)^2}{(\mu_T^2 \langle |H_i|^2 \rangle_\theta + \mu_B^2 \langle |W_i|^2 \rangle_\theta)(k_T^2 \langle |H_i|^2 \rangle_\theta + k_B^2 \langle |W_i|^2 \rangle_\theta)}$$
$$(2-85)$$

其中，H_i 和 W_i 分别为地表荷载和地下荷载的 Fan 小波系数。设基于 Morlet 小波方位角平均的荷载比率 $f_w(s,\boldsymbol{x})$ 为[19]，

$$f_w^2(s,\boldsymbol{x}) = \frac{\langle |W_i|^2 \rangle_\theta}{r^2 \langle |H_i|^2 \rangle_\theta}; r = \Delta\rho_1/\Delta\rho_2 \qquad (2-86)$$

则 Fan 小波预测相关度可简化为：

$$\gamma_{\mathrm{pre}}^2(s,\boldsymbol{x}) = \frac{(\mu_T k_T + \mu_B k_B f_w^2 r^2)^2}{(\mu_T^2 + \mu_B^2 f_w^2 r^2)(k_T^2 + k_B^2 f_w^2 r^2)} \qquad (2-87)$$

对比式(2-76)和式(2-87)可知，两者公式基本一致，但是前者的初始荷载为傅里叶系数，并且荷载比率为波数的环带平均，而后者中 H_i 和 W_i 分别为地表荷载和地下荷载的 Fan 小波系数且基于 Morlet 小波的方位角平均值。

2.6.3 Fan 小波导纳法

类似上节小波相关法，Fan 小波同样可以运用到导纳法的计算中，地形和重力异常的 Fan 小波实测导纳[174] 为：

$$Q_{\mathrm{obs}}(s,\boldsymbol{x}) = \frac{\mathrm{Re}[\langle B_{sx\theta}H_{sx\theta}^* \rangle_\theta]}{\langle H_{sx\theta}H_{sx\theta}^* \rangle_\theta} \qquad (2-88)$$

其中，$\mathrm{Re}[\ ]$ 表示取地形和重力异常的互相关谱实部。

相应地，利用模型导纳公式、变形分量和初始荷载关系，地形和布格重力异常的 Fan 小波预测导纳表达式为：

$$Q_{\mathrm{pre}}(s,\boldsymbol{x}) = \frac{\mu_T k_T \langle |H_i|^2 \rangle_\theta + \mu_B k_B \langle |W_i|^2 \rangle_\theta}{k_T^2 \langle |H_i|^2 \rangle_\theta + k_B^2 \langle |W_i|^2 \rangle_\theta} \qquad (2-89)$$

利用 Fan 小波荷载比率表达式(2 - 86)，可将上式简化为：

$$Q_{\text{pre}}(s, \boldsymbol{x}) = \frac{\mu_T k_T + \mu_B k_B f_w^2 r^2}{k_T^2 + k_B^2 f_w^2 r^2} \qquad (2 - 90)$$

同理，地形和自由空气重力异常的 Fan 小波预测导纳为：

$$Q_{\text{pre}}(s, \boldsymbol{x}) = \frac{\lambda_T k_T \langle |H_i|^2 \rangle_\theta + \lambda_B k_B \langle |W_i|^2 \rangle_\theta}{k_T^2 \langle |H_i|^2 \rangle_\theta + k_B^2 \langle |W_i|^2 \rangle_\theta} = \frac{\lambda_T k_T + \lambda_B k_B f_w^2 r^2}{k_T^2 + k_B^2 f_w^2 r^2}$$

$$(2 - 91)$$

2.6.4　优化反演

当观测量(相关度或导纳)和谱分析方法(例如 Fan 小波法)选定后，根据实测地形和重力异常数据，计算实测相关度或导纳。通过假定岩石圈密度、界面深度和弹性厚度等参数，构建岩石圈理论模型，计算理论模型参数的预测值。采用最优化方法求取与观测值最佳拟合的岩石圈弹性模型，即为求解的最优岩石圈有效弹性厚度。最优化拟合的标准一般为求 L_1 范数或 L_2 范数的最小值，对于实测量 O(实测导纳或实测相关度)和对应预测量 P，以观测量的误差作为拟合差的权重的范数表达式[83] 为：

$$L_p = \left(\sum_{i=1}^N \left| \frac{O(k_i) - P(k_i; \boldsymbol{p})}{\sigma(k_i)} \right|^2 \right) 1/p \qquad (2 - 92)$$

其中，N 为独立的波数个数；k_i 为波数，$i = 1, 2, \cdots, N$；$O(k_i)$ 为实测相关度或导纳；$P(k_i)$ 为预测相关度或导纳；当 $p = 1$、2 时对应 L_1、L_2 范数；$\sigma(k_i)$ 为实测量的误差；$\boldsymbol{p}$ 为反演参量(例如 T_e、f)。通过调节反演参量的值来最小化拟合差。式中观测值误差 σ 可通过 Jackknife 法估计得到[154]。下面简述 Jackknife 法[182, 183]计算方差和标准差的原理。

Jackknife 法又称为刀切法，是 Quenouille 为了减低估计的偏差，在 1949 年提出来的重采样方法。常用做法是：每次从样本集中删除一个或几个样本，剩余的样本成为"刀切"样本，由一系列这样的刀切样本计算方差。刀切法的样本集需要事先给定，它的重采样过程是在给定样本集上的采样过程。

假定参量 θ 由 N 个独立观测样本 $\{x_1, x_2, x_3, \cdots, x_N\}$ 估计得到。将样本数据分割成大小为 $N - 1$ 个观测样本估计的 N 组，定义第 i 个参量 θ 为丢掉第 i 个样本后的剩余样本估计，即

$$\theta_{\backslash i} = \theta\{x_1, \cdots, x_{i-1}, x_{i+1}, x_N\}$$

其中，$i = 1, 2, \cdots, N$。

该 N 组参量的平均值为：

$$\hat{\theta} = \frac{1}{N} \sum_{i=1}^N \theta_{\backslash i}$$

那么 Jackknife 方差估计值为[183]：

$$\mathrm{Var}\{\hat{\theta}\} = \frac{N-1}{N} \sum_{i=1}^{N} (\theta_{\backslash i} - \hat{\theta})^2$$

在 Fan 小波相关法中，参量 θ 为某一特定尺度（波数）的功率谱或相关度，观测样本为 N_θ 个不同方位角 Morlet 小波对应的功率谱。以 Fan 小波相关法为例，运用 Jackknife 法获得某一尺度 s 实测相关度的方差的过程如下：

（1）计算 N_θ 个分别去掉 i 项的互功率谱的集合：

$$\langle B_{sx\theta} H_{sx\theta}^* \rangle_{\backslash i} = \frac{1}{N_\theta - 1} \sum_{j=1, j \neq i}^{N_\theta} \{ B_{sx\theta_j} H_{sx\theta_j}^* \} \tag{2-93}$$

去掉 i 项的自功率谱采用公式（2-93）类似的方法计算。

（2）N_θ 个去掉 i 项的观测相关度[183]为：

$$\gamma_{\backslash i}^2(s, \boldsymbol{x}) = \frac{|\langle B_{sx\theta} H_{sx\theta}^* \rangle_{\backslash i}|^2}{\langle B_{sx\theta} B_{sx\theta}^* \rangle_{\backslash i} \langle H_{sx\theta} H_{sx\theta}^* \rangle_{\backslash i}} \tag{2-94}$$

（3）计算该 N_θ 组观测相关度的平均值：

$$\hat{\gamma}^2(s, \boldsymbol{x}) = \frac{1}{N_\theta} \sum_{i=1}^{N_\theta} \gamma_{\backslash i}^2(s, \boldsymbol{x}) \tag{2-95}$$

（4）计算观测相关度的方差估计值：

$$\mathrm{Var}\{\gamma_{\mathrm{obs}}^2\} = \frac{N_\theta - 1}{N_\theta} \sum_{i=1}^{N_\theta} [\gamma_{\backslash i}^2(s, \boldsymbol{x}) - \hat{\gamma}^2(s, \boldsymbol{x})]^2 \tag{2-96}$$

标准差为方差公式（2-96）的算术平方根。

求取满足最小拟合差的 T_e 时，一般选取合适的优化算法，例如最小二乘法、Brent算法[184]等。对于求取单个参量，由于 Brent 算法具有不用求导，且收敛速度较快的特点，所以本书采用 Brent 算法进行 T_e 的反演。

2.7　各向异性小波谱分析

在 2.6.1 节提到：由于 Fan 小波是由一列不同方位角的 Morlet 小波叠加而成，当方位角范围 $\Delta\theta = 180°$ 时，Fan 小波为各向同性的；而 $2\delta\theta < \Delta\theta < 180°$ 时，Fan 小波具各向异性。因此，利用方位角小于 $180°$ 的 Fan 小波有可能获得挠曲强度的方向变化，也即岩石圈对加载的各向异性挠曲均衡响应，这里称为 T_e 各向异性或力学各向异性（Mechanical Anisotropy）。

通过利用一系列覆盖 $0° \leqslant \Theta < 180°$ 的不同中心方位角 Θ 的各向异性 Fan 小波，可以获得不同方向的小波相关度或导纳的各向异性。例如，选取方位角范围 $\Delta\theta = 90°$ 的五个连续 Morlet 小波组成各向异性 Fan 小波，利用六个不同的中心方位角（对应的参数为：$\Theta = 0° \sim 150°$，$\delta\Theta = 30°$，$\Delta\theta = 90°$）计算不同方向的各向

异性参量[185]。计算不同中心方位角和小波尺度下的实测相关度：

$$\gamma_{\text{obs}}^2(s, \boldsymbol{x}, \Theta) = \frac{\left[\operatorname{Re}\left(\langle B_{sx\theta}H_{sx\theta}^*\rangle_\Theta\right)\right]^2}{\langle B_{sx\theta}B_{sx\theta}^*\rangle_\Theta \langle H_{sx\theta}H_{sx\theta}^*\rangle_\Theta} \qquad (2-97)$$

为了估计各向异性参数，假定岩石圈为正交的各向异性薄弹性板模型[185]，各向异性的参数为 $[Te_x, Te_y, \beta]$，其中 Te_x 和 Te_y 分别为两个正交方向的弹性厚度变量，β 为各向异性的弱轴方向角。同理，采用 2.5 节方法计算不同 Fan 小波中心角 Θ 上的预测相关度。但与各向同性预测相关度公式(2 - 19)不同的是，各向同性均衡算子 Dk^4 [见公式(2 - 5)]由各向异性均衡算子 $\Lambda(|\boldsymbol{k}|, \Theta)$ 替代：

$$\Lambda(|\boldsymbol{k}|, \Theta) = \left[\sqrt{D_x}|\boldsymbol{k}|^2 \cos^2(\Theta - \beta) + \sqrt{D_y}|\boldsymbol{k}|^2 \sin^2(\Theta - \beta)\right]^2$$

$$(2-98)$$

其中，

$$D_x = \frac{ET_{ex}^3}{12(1 - \sigma^2)}; \quad D_y = \frac{ET_{ey}^3}{12(1 - \sigma^2)}$$

利用一定的优化算法，本书采用多维单纯形法（Downhill Simplex Method in Multidimensions）[184]，由理论相关性拟合观测相关性，可以反演获得稳定的各向异性参数 $[Te_x, Te_y, \beta]$。

第 3 章　　谱相关法模型实验

为了测试 Fan 小波法反演 T_e 的性能，需要对反演方法开展一定的理论模型实验，分析方法参量（例如 Morlet 小波中心波数）取值对其反演结果的影响。理论模型实验主要包括正演和反演两部分。模型正演主要是通过已知的岩石圈弹性厚度模型和模拟的初始荷载，计算挠曲变形，得到反演所需的地形和布格重力异常数据。

3.1　模拟地形和重力数据

为了模拟实测地形和重力数据，在考虑地表和地下荷载的情况下，首先必须给定一对初始荷载。其次，在已知荷载和 T_e 模型的基础上，计算在该荷载作用下岩石圈的挠曲，再利用挠曲变形量获得均衡后的地表地形和 Moho 面地形。最后，计算最终 Moho 面起伏产生的重力异常，即可得到模拟的地形和布格重力异常数据。

3.1.1　分形模拟地形荷载

自然界的地形具有明显的分形特征，具备复杂性和随机性的特点，采用基于分形的方法能有效模拟地形荷载。模拟地形的分形方法包括：中点位移法、傅里叶滤波法、带限噪声累加法、逐次随机增加法和小波变换法等。其中，中点位移法是最常用的分形方法，能简单快速地生成地形。

本书采用正方形细分的中点位移法[186]生成二维平面的地表和地下荷载。在模拟中，设置地形维数为 2.5D，这和实际地形的维数一致[187]。数据范围为 5100 km × 5100 km，数据点数为 256 × 256，网格间距为 20 km。初始标准差采用 2000 m，控制地形起伏。随机生成的一组地表和地下荷载如图 3 - 1 所示。

在模型实验中，为了单独考虑算法反演 T_e 的敏感程度，正演模拟中可以去掉荷载比（f）的影响。在生成地表和地下荷载时，通常假定荷载比率为恒定值 1。利用频率域地表和地下荷载的关系式（2 - 41）对生成的地表和地下荷载的幅值进行归一化，使之满足荷载比率的期望为 1[81]。

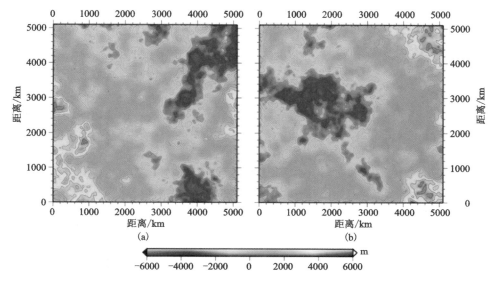

图 3 - 1 分形模拟随机生成的一组地表(a) 和地下(b) 初始荷载示例图

3.1.2　布格重力异常正演

给定已知的初始岩石圈弹性厚度模型，即平面岩石圈有效弹性厚度结构、地壳和地幔平均密度、泊松比、杨氏模量、地下荷载和均衡深度。将通过分形模拟的地表荷载 $H_i(k)$ 和地下荷载 $W_i(k)$ 分别加载在已知的岩石圈弹性板模型中，计算岩石圈模型产生的挠曲。对于均一弹性厚度模型，利用傅里叶变换的空间均一弹性厚度的公式(2 - 22) 计算挠曲；对于空间非均一的 T_e 模型，采用2.2.2 节介绍的有限差分法数值计算平面的挠曲值。为了减少反演 T_e 的不确定性，在所有的模型正演和反演模拟中，地下荷载深度设置在平均深度为 35 km 的 Moho 面，并且地壳由密度为 2800 kg/m³ 的单层组成，下部地幔的密度为 3300 kg/m³。图 3 - 2(b) 是采用椭圆模型[图 3 - 2(a)] 和在图 3 - 1 所示的荷载作用下产生的平面挠曲值分布。

根据二维挠曲分布和初始荷载，利用公式(2 - 16)，即可计算模拟的地表和 Moho 面地形起伏。最后，根据 Parker[177] 给出的起伏密度界面的重力异常公式，计算由地下 Moho 面起伏产生的布格重力异常。Parker 频率域快速计算公式的完全展开式为：

$$B(k) = -2\pi G\Delta\rho e^{-kz_m} \sum_{n=1}^{\infty} \frac{k^{n-1}}{n!} F[h^n(x, y)] \qquad (3-1)$$

其中，$B(k)$ 为波数域重力异常，是二维波数 k 的变量；$h(x, y)$ 为空间域地形分布，是空间距离 x 和 y 的变量；$\Delta\rho$ 为界面密度差；z_m 为界面平均深度；n 为地形近似阶次；$F[\ ]$ 为傅里叶变换。

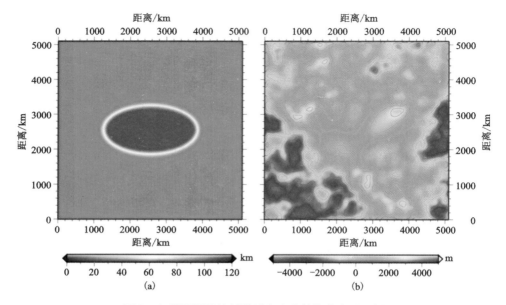

图 3 - 2 岩石圈弹性板模型和产生的挠曲变形示例

（a）椭圆弹性厚度模型；（b）由（a）模型和图 3 - 1 所示初始荷载计算得到的挠曲变形

虽然式（3 - 1）的展开是无穷的，但是其收敛速度特别快。如取 $n = 3$ 时，由于省略高阶项带来的误差已基本忽略[6]，所以本书中利用式（3 - 1）计算界面的重力异常时，取 $n = 4$ 阶近似。由图 3 - 2（a）的椭圆形 T_e 模型和图 3 - 1 的荷载进行加载作用，模拟的最终地表地形和布格重力异常示例如图 3 - 3 所示。

3.2 小波谱相关法模型实验

小波谱相关法利用模拟的实测地形和布格重力异常数据求取小波实测相关度，利用初始的模型求取小波预测相关度，最后采用优化算法求取最优化的 T_e 模型。Fan 小波相关法无需根据滑动窗口大小对研究区进行划分，反演每点的 T_e 时，整个研究区的地形和布格重力异常数据全部参与计算，而不是如多窗谱法中仅滑动窗口内数据参与计算，从而避免了窗口对反演转折波长的截断问题。此外，由于 Fan 小波本质是由一列不同方位角的 Morlet 小波叠加而成，其平均方式采用的是不同方位角对应的 Morlet 小波变换系数的平均。

Fan 小波相关法反演的主要过程是：

（1）设定小波参数，包括：中心波数（这里主要采用的中心波数包括：2.668、3.081、3.773、5.336、7.547）、中心方位角（对于各向同性而言，一般采用 90°），

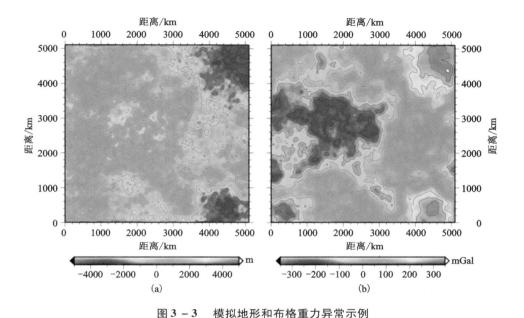

图 3 - 3　模拟地形和布格重力异常示例

由图 3 - 2(a) 的椭圆模型和图 3 - 1 的加载作用：(a) 模拟的最终地表地形；
(b) 地表 0 km 高度的布格重力异常

小波尺度及其增量(小波尺度对应可变换为傅里叶波数，参见 2.6.2 节)。

(2) 对每个小波尺度，求取一列方位角度递增的 Morlet 小波函数，对研究区的地形和布格重力异常进行小波变换，得到地形和布格重力异常小波谱(或称小波系数)；采用方位角平均求取不同尺度对应的实测相关度；给定初始 T_e 和岩石圈模型，利用地形和布格重力异常的小波谱，采用 2.6.2 节的公式求取初值荷载和变形分量，进而求得预测相关度。预测相关度仍然采用小波谱计算，并进行方位角平均。

(3) 最后，利用最优化算法求取每点随尺度变化的拟合差最小的 T_e 值，即为该点所求 T_e。移动计算点并重复前面的计算过程，直至求得全区的 T_e 分布。

为了分析 Fan 小波相关法反演空间均一和非均一模型的特点，下面分别采用平板模型和椭圆模型进行模型实验，分析各中心波数的选取对反演结果的影响。

谱相关法反演 T_e 的一个前提假设是地表和地下荷载不相关[94]，但是随机生成的一组荷载很难保证完全不相关。因此，为了降低初始荷载的潜在相关性，在所有的模型实验中，每组模型均生成 100 组模拟数据同时进行反演，将 100 组反演结果的平均值作为最终的反演结果。这种方式能在一定程度上降低初始地表荷载和地下荷载的相关性[174]。

3.2.1 平板模型

由于均一 T_e 模型计算简单，且结果便于统计分析，在岩石圈有效弹性厚度的研究中被许多学者用于反演方法的对比和评价（例如，Audet 和 Mareschal[151]、Pérez-Gussinyé 等[81, 157]、Swain 和 Kirby[188]、Crosby[189]）。为了评估 Fan 小波相关法估计区域较大且具有相对均一弹性厚度的构造单元的效果，本节同样采用 T_e 厚度分别为 10 km、20 km、40 km、60 km、80 km 和 100 km 的平板模型进行实验。图 3 – 4 为 $|\mathbf{k}_0|$ = 5.336 时 Fan 小波相关法反演的 100 组结果的统计分布。

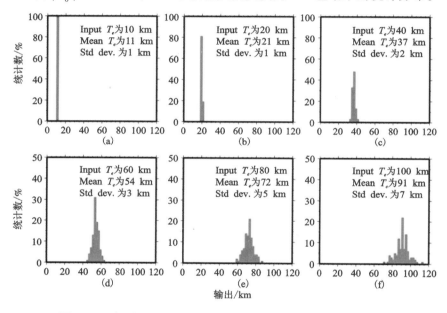

图 3 – 4 $|\mathbf{k}_0|$ = 5.336 的 Fan 小波相关法反演的 100 组 T_e 统计

图中 Input T_e 表示模型值，Mean T_e 为反演的 100 组结果的平均值，Std dev. 为 100 组结果的方差

从图 3 – 4 可知，Fan 小波相关法反演的六种不同厚度模型中，100 组反演结果的统计分布均不相同。对于 T_e 为 10 km 和 20 km 的平板 T_e 模型[如图 3 – 4(a)、(b) 所示]，Fan 小波估计的 100 组的 T_e 为 10 ~ 11 km 的厚度模型，反演结果的均值和模型结果一致，基本不存在偏差，方差 ≤ 1 km。可见，对于薄且厚度均一的 T_e 模型，Fan 小波能较为精确地估计。随着 T_e 的增加，由图 3 – 4(c) ~ (f) 可知，100 组反演结果的均值都低于模型值，存在低估现象。例如对于 60 km 的平板模型[图 3 – 4(d)]，100 组反演结果的平均值为 54 km，统计结果较为分散，统计峰值分布于平均值附近并向两侧递减。此外，对比图中不同 T_e 模型的估计结果分布及方差可知，T_e 越大，反演的 T_e 低估越多，且 100 组反演结果的统计方差也随之增大。

图 3 − 4 采用的小波中心波数 $|\boldsymbol{k}_0|$ 为 5.336，为了对比不同小波中心波数对反演结果的影响，分别采用中心波数 $|\boldsymbol{k}_0|$ = 2.668、3.081、3.773 和 7.547 对上述不同厚度的平板进行反演，反演的 100 组 T_e 的统计分布如图 3 − 5 和图 3 − 6 所示。结合图 3 − 4、图 3 − 5 和图 3 − 6 可知，对于相同厚度的平板模型，不同中心波数的反演结果分布较为相似。对于厚度小的平板（小于 20 km），五个中心波数反演的 100 组 T_e 均值和模型值均很接近，特别是高中心波数 $|\boldsymbol{k}_0|$ = 5.336 和 7.547 反演的 T_e 与模型值完全一致，而低中心波数反演结果存在略微的偏差。对于弹性厚度大的平板，五个中心波数的估计结果均存在不同程度的低估，且 T_e 越大低估越多。但值得注意的是，高中心波数反演的值更接近模型值，即相对较小波数而言低估要小。例如，对于 100 km 的平板，$|\boldsymbol{k}_0|$ = 2.668 反演的 100 组 T_e 的均值为 78 km，低估了 22%，而 $|\boldsymbol{k}_0|$ = 7.547 反演的均值为 93 km，仅低估了 7%。

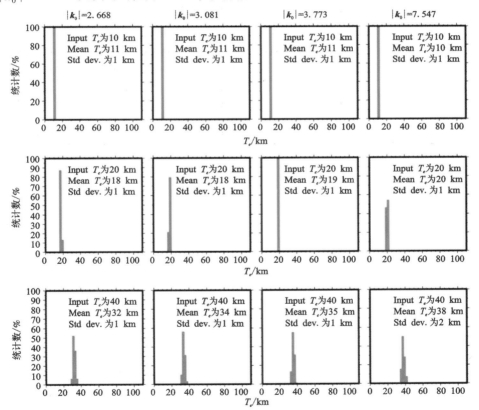

图 3 − 5　Fan 小波不同中心波数 $|\boldsymbol{k}_0|$ 反演 10 km、20 km 和 40 km 厚度的平板的 100 组统计分布

图中 $|\boldsymbol{k}_0|$ 第一列为 2.668，第二列为 3.081，第三列为 3.773，最后一列为 7.547；Input T_e 表示模型 T_e 值，Mean T_e 代表 100 组反演 T_e 的平均值；Std dev. 代表方差

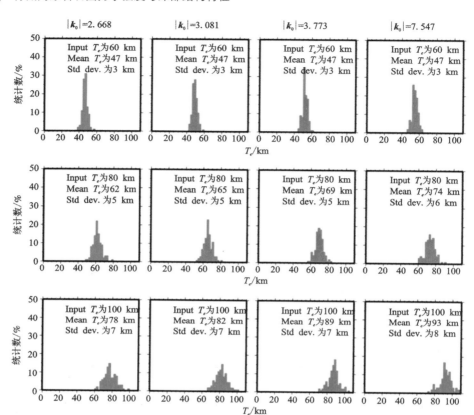

图 3 − 6　Fan 小波不同中心波数 $|\boldsymbol{k}_0|$ 反演的 60 km、80 km 和 100 km 厚度的平板模型的 100 组统计分布

图中 $|\boldsymbol{k}_0|$ 第一列为 2.668，第二列为 3.081，第三列为 3.773，最后一列为 7.547；Input T_e 表示模型 T_e 值，Mean T_e 代表 100 组反演 T_e 的平均值；Std dev. 代表方差

　　为了进一步对比不同中心波数反演的结果，将五个中心波数反演的 10 km、20 km、40 km、60 km、80 km、100 km 和 120 km 不同厚度的平板模型的平均值和方差绘制成图，如图 3 − 7 所示。图 3 − 7 更为清楚地显示了 Fan 小波相关法中采用不同中心波数反演平板模型的偏差。在 $T_e = 10$ km 时，五个中心波数反演的结果重叠且基本不存在偏差，而随着 T_e 增大，各反演结果和模型值偏离也随之增大。图 3 − 7 中，$|\boldsymbol{k}_0| = 7.547$ 反演的结果最为精确，而 $|\boldsymbol{k}_0| = 2.668$ 反演的结果和模型值偏差最大。这主要是由于对于近于平板的模型，反演时无需高的空间横向分辨率，而高中心波数反演具备高的波数域分辨率，能更精确地识别转换波长，所以其反演的不同厚度平板 T_e 模型均有更高的精度[19]。因此，对于范围较大且较为均一的 T_e，即接近于平板的模型，Fan 小波相关法采用高 $|\boldsymbol{k}_0|$ 反演的结果

相比低 $|\boldsymbol{k}_0|$ 反演的 T_e 更为精确。

如图 3 - 7 所示，Fan 小波谱相关法反演的平板模型结果呈现线性低估，这主要是由于 Fan 小波谱相关法的尺度变化，如同选取了大量不同尺寸的反演滑动窗口，从而克服了窗口谱相关法的单一滑动窗口对转折波长的截断影响。从这一方面讲，Fan 小波相关法优于滑动窗口的传统相关法。

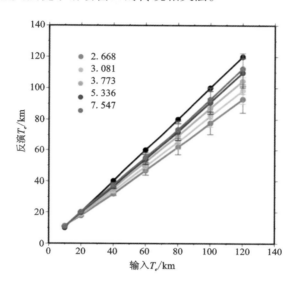

图 3 - 7　Fan 小波五个中心波数反演的平板 T_e 模型与输入模型值对比

误差棒为 100 组统计的方差，图中黑色点和线为模型值

3.2.2　椭圆模型

平板模型实验表明，研究岩石圈有效弹性厚度较为均一且空间范围大的区域时，采用 Fan 小波相关法的高 $|\boldsymbol{k}_0|$ 反演的结果相比低 $|\boldsymbol{k}_0|$ 反演的 T_e 更为精确。这个结论是否也适用于存在剧烈 T_e 变化的研究区？

为了分析 Fan 小波相关法反演空间非均一 T_e 模型的能力，采用图 3 - 8(a) 所示的椭圆模型进行实验。图中为 T_e = 110 km 的椭圆高原模型，椭圆 T_e 的长轴为 2400 km，短轴为 1200 km，椭圆 T_e 值经过 300 km 递减过渡区，连续变化为 20 km 的平坦低值区。与平板模型实验类似，分别采用 $|\boldsymbol{k}_0|$ = 2. 668、3. 081、3. 773、5. 336、7. 547 对 100 组模型数据进行反演。为了消除模拟数据潜在的相关性，同样将反演的 100 组 T_e 进行叠加平均。

图 3 - 8(b) ～ (f) 为五个不同的中心波数 Fan 小波反演结果。从图 3 - 8 可以看到，不同中心波数均反演出了椭圆高原的形态，椭圆中间为高值，椭圆四周为

低值。特别是，所有的中心波数均能精确地反演获得平坦的低 T_e 区。但是，各中心波数对椭圆中心的高 T_e 均存在明显的低估，而高 T_e 椭圆周围边界的低值区则存在一定范围的高估，这里称为扩边效应。这主要是因为较大的中心波数的平均作用，使得高值被周围的低值影响而被压制低估；而椭圆周边的低值范围受椭圆高值的平均而被普遍高估。

高 $|k_0|$ 和低 $|k_0|$ 参数反演的 T_e 值也存在明显的差异。反演结果的纵向剖面图 3 – 8(g) 显示，采用不同小波中心波数反演时，对椭圆模型的 $T_e = 110$ km 高均值台阶均存在明显的低估，其中 $|k_0| = 7.547$ 低估最大(达 30 km)，且对于椭圆的近垂直的边界外围的低值区域存在较大范围的高估。对于低中心波数，例如 $|k_0| = 2.668$ 反演的 T_e，虽然椭圆边界反演较好(最接近实际的 T_e 突变边界)，可是反演结果存在锯齿形的扰动(例如低 T_e 区)，这说明虽然其具有较高的空间分辨率，可是容易受误差的影响。由此可见，Fan 小波相关法采用 $|k_0| = 2.668$ 时容易出现小尺度解的震荡波动；较大的中心波数例如 $|k_0| = 5.336$ 和 7.547 则出现因反演 T_e 过度平滑，而导致明显的高值低估，同时 T_e 剧烈变化的梯度带附近也出现较大范围的扩散现象。对于较小的 $|k_0|$ 而言，估计的椭圆边界较为清晰，椭圆中心高值较高(低估约 18%，高 T_e 扩散变宽为 200 ~ 300 km)；而对于采用高中心波数[例如图 2 – 8(f) 中 $|k_0| = 7.547$]反演的 T_e 椭圆高值较为均一，不过边界存在明显的高估现象，范围约 700 km。

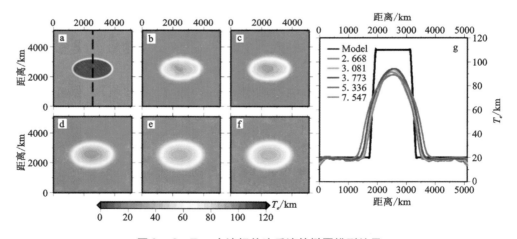

图 3 – 8 Fan 小波相关法反演的椭圆模型结果

图中(a)为给定的椭圆台阶 T_e 模型；(b) ~ (f)分别为对(a)模型采用不同中心波数 $|k_0|$ 为 2.668、3.081、3.773、5.336 和 7.547 的反演结果；(g)模型为反演结果的 $x = 2560$ km 南北剖面，对应(a)中黑色虚线位置

采用不同中心波数 $|\boldsymbol{k}_0|$ 的 Fan 小波相关法反演的另两类不同 T_e 椭圆模型的结果如图 3 – 9 和图 3 – 10 所示。图 3 – 9(a) 为椭圆 T_e 高值不变，但椭圆短轴范围更窄(为 600 km)的高窄型椭圆模型。由图 3 – 9 可知，椭圆 T_e 高值进一步被低估，这是由于 T_e 异常的宽度远远小于相关度的转折波长，周围更多的低值信息参与平均；由剖面图 3 – 9(g) 观测可知：T_e 高原边界处扩宽范围相比图 3 – 8(g) 进一步扩大。

图 3 – 10(a) 为椭圆高原 T_e = 60 km、宽度不变(椭圆 T_e 的长轴为 2400 km，短轴为 1200 km)、平原 T_e = 30 km 的矮宽型椭圆模型，反演结果如图 3 – 10 所示。由平面 T_e 分布图 3 – 10(b) ~ (f) 和剖面图 3 – 10(g) 可知：较高中心波数反演的 T_e 高原和 T_e 平原均较好，特别是 $|\boldsymbol{k}_0|$ = 5. 336。但是仍然存在一定的高值边界扩宽现象，其中低 $|\boldsymbol{k}_0|$ 扩宽 100 ~ 200 km，$|\boldsymbol{k}_0|$ = 5. 336 扩宽约为 300 km，$|\boldsymbol{k}_0|$ = 7. 547 扩宽约为 600 km。

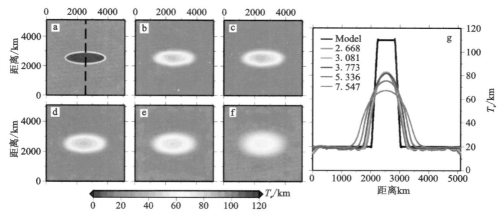

图 3 – 9　高窄型椭圆 T_e 模型 Fan 小波相关法反演结果

图中(a) ~ (g)的注释与图 3 – 8 的注释相同

对比 3.2.1 节中平板模型和上述椭圆模型实验，表明对于高 T_e 值的平板模型，采用高中心波数反演结果与模型最为接近，低估最少(约 7%)，而对中心为高值的椭圆模型的反演结果却表明高中心波数反演时椭圆高值低估最多(约 28%)。为何两种模型反演结果精度存在如此大的差异？这主要是由于 Fan 小波反演中每点的 T_e 是整个研究区的数据均参与反演的结果，即远区的数据也存在贡献，只是不同中心波数贡献权重不一样(参见图 2 – 13)。当采用较大中心波数时，Morlet 小波旁瓣较高，表明远区的数据贡献量增加，对于平板模型，由于全区的 T_e 为均值，空间域远区的贡献不会对反演结果造成影响。对于存在较大 T_e 差的椭圆模型而言，采用高 $|\boldsymbol{k}_0|$ 反演高 T_e 椭圆区时，椭圆外围低 T_e 值的贡献会导致结果

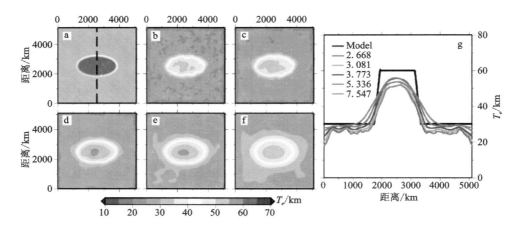

图 3 - 10   矮宽型椭圆 T_e 模型 Fan 小波相关法反演结果

图中（a）~（g）的注释与图 3 - 8 的注释相同

远远低估；相反，采用低中心波数反演时，由于远区的贡献相对较少，所以其反演结果没前者低估明显。

综合平板模型和椭圆模型的反演结果可知，采用 Fan 小波估计 T_e 时，较大（大于5）的小波中心波数对于大且均一的构造单元能反演出相对精确的 T_e；而对于小尺度的 T_e 结构或者需要估计较为精确的 T_e 差值，采用 Fan 小波低中心波数（$|k_0| < 5$）进行反演可能更为有效。

第 4 章　　青藏高原 T_e 与岩石圈结构

青藏高原 — 喜马拉雅造山带是地球上最活跃的陆 - 陆碰撞带。它主要由巨大的平均厚度达 70 km 的青藏高原和大量宏伟的高大山链组成。其北缘以"西昆仑山 — 阿尔金山 — 祁连山"组成的巨型"S"形山链与塔里木盆地和华北克拉通接壤；南缘以喜马拉雅山链与印度克拉通拼接；东缘以龙门山 — 锦屏山与扬子陆块相连[23]。这个巨型造山系统是 70 ~ 50 Ma 以来印度板块与欧亚板块碰撞和持续汇聚的结果[13]。

在过去的 40 年里，各国科学家对青藏高原 — 喜马拉雅构造带开展了大量科学实验和地质地球物理研究，例如"喜马拉雅山和青藏高原深剖面及综合研究"INDEPTH[35, 39]、"地壳与岩石层的地震台阵研究计划"PASSCAL[29]、"穿越喜马拉雅山的地震探测" Hi-CLIMB[41]，但是目前对该地区的深部结构、地壳增厚和隆升的变形机制等仍存在争论[48]。

为了解释青藏高原 — 喜马拉雅构造带的变形隆升机制，一些动力学模型被提出，包括：印度大陆向亚洲大陆的下插[43, 44]、亚洲岩石圈南向俯冲于青藏高原之下[190]、厚岩石圈地幔的拆沉[47, 191] 和下地壳流[14, 48] 等。这些模型不仅在深部结构上存在差异，而且其对应的岩石圈力学强度也存在显著不同。例如，冷的刚性印度板块下插入青藏高原可能在那里形成一个强岩石圈地幔，并为地形荷载提供一个有力的支持[15, 16]。此外，不同强度的板块间的相互俯冲作用能造成岩石圈力学强度的显著横向变化。地球动力学模拟[17, 18] 表明：在青藏高原内部和周边，强度异质性在确定变形的模式和变形聚集位置起到重要作用。因此，确定岩石圈力学强度的空间变化能为研究青藏高原 — 喜马拉雅构造带岩石圈结构和变形提供重要的约束。

本章利用第 2 章介绍的 Fan 小波谱相关法开展青藏高原 — 喜马拉雅构造带的岩石圈力学强度研究。首先，从研究区的地质构造背景出发，介绍研究数据和方法参数；进而反演获得青藏高原 — 喜马拉雅造山带 T_e；最后，讨论该地区岩石圈力学强度的空间变化与岩石圈结构和变形的关系。

4.1　地质构造背景

青藏高原 — 喜马拉雅造山带岩石圈是在新元古代 — 早古生代时期由一系列

地块逐渐会聚拼贴和碰撞造山形成[13, 192]。自南向北主要由印度河 — 雅鲁藏布江缝合带、班公湖 — 怒江缝合带、金沙江缝合带和昆仑 — 阿尼玛卿缝合带分割成喜马拉雅地体、拉萨地体、羌塘地体、巴颜喀拉 — 松潘甘孜地体和东昆仑 — 柴达木地体等，它们的地理位置如图4 – 1所示。这些地体具有不同的年龄、成分和流变特性[14]。

　　地质研究发现，青藏高原 — 喜马拉雅造山带地壳的隆升和增厚开始于特提斯洋向欧亚大陆的俯冲[14]。最早的碰撞可能出现在早新生代(约50 Ma)的雅鲁藏布江缝合带(图4 – 1中ITS)。印度板块与欧亚板块碰撞后，青藏高原 — 喜马拉雅构造带吸收了至少1400 km的南北向地壳缩短[13]，从而导致青藏高原地壳加厚到约80 km，并且形成了一系列巨大的山脉。该碰撞和汇聚过程也产生了大量地表地质构造特征，例如大量深大断裂带、广泛的岩浆活动和强烈的区域变质作用。

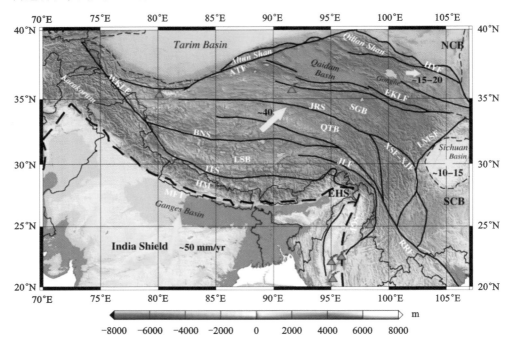

图4 – 1　青藏高原 — 喜马拉雅造山带区域地形和构造单元

　　地形数据来源于ETOPO1模型[195]；地质单元划分修改自Tapponnier等[22]。黑线代表主要的断裂和缝合带。黄色箭头和数值表示相对于西伯利亚的运动。构造单元分别为(括号内为代号)：阿尔金断裂(ATF)；班公湖 — 怒江缝合带(BNS)；喜马拉雅东构造结(EHS)；东昆仑断裂带(EKLF)；喜马拉雅造山带(HM)；海原断裂(HYF)；印度河 — 雅鲁藏布江缝合带(ITS)；嘉黎断裂(JLF)；金沙江缝合带(JRS)；龙门山断裂带(LMSF)；拉萨地块(LSB)；主前逆冲断裂(MFT)；华北陆块(NCB)；羌塘地块(QTB)；红河断裂(RRF)；华南陆块(SCB)；松潘甘孜地块(SGB)；实皆断裂(SGF)；西昆仑断裂(WKLF)；鲜水河 — 小江断裂带(XSF – XJF)。红色三角形为火山(来源于：http://www.ngdc.noaa.gov/hazard/volcano)

在早新生代期间(50 ~ 20 Ma),地壳缩短主要出现在青藏高原的南部和中部[14]。高原中部的地壳物质向中国西南地区和印度支那北部挤出[22]。之后,左滑的阿尔金断裂开始活动,造成青藏高原东北部的地壳缩短[193]。在晚新生代(15 ~ 20 Ma 或更晚),大部分地壳缩短集中在青藏高原东北部和天山地区[14],左滑的阿尔金断裂转化成逆冲断层,叠覆在青藏高原东北部,从而形成了一系列被狭长高山隔开的山间盆地[194]。在这期间,青藏高原中部以伸展作用为主,形成大量南北向裂谷,向南达东喜马拉雅[13]。自 8 ~ 10 Ma,高原东部和龙门山逆冲带迅速隆起,高原物质围绕四川盆地继续挤出。现今,上地壳的向南运动主要表现为绕东喜马拉雅构造结的顺时针旋转和沿着鲜水河断裂带的左行走滑[14]。

4.2 数据及处理

为了研究整个青藏高原 — 喜马拉雅构造带的岩石圈力学强度,本书选取经纬度范围 70°E ~ 107°E 和 20°N ~ 40°N 作为研究对象。由第 2 章和第 3 章的分析表明,相比导纳法,谱相关法具有对初始荷载比率和反演深度影响小的特点,且利用 Fan 小波谱技术能获得较高的空间分辨率。因此本书采用 Fan 小波相关法开展青藏高原 — 喜马拉雅构造带的岩石圈有效弹性厚度研究。岩石圈模型采用地壳和地幔密度为恒定的两层模型,假定弹性板模型的均衡变形面和地下荷载均在莫霍面,利用 Crust 1.0 模型[196](http://igppweb. ucsd. edu/ ~ gabi/crust1.html)得到计算点的莫霍面平均深度分布。其他常量参数详见表 4 - 1。

表 4 - 1 常量参数符号及值

常量	符号	值	单位
地壳密度	ρ_c	2800	kg · m^{-3}
地幔密度	ρ_m	3300	kg · m^{-3}
海水密度	ρ_w	1030	kg · m^{-3}
重力加速度	g	9.78	m · s^{-2}
万有引力常量	G	6.67259e^{-11}	m^3 · kg^{-1} · s^{-2}
杨氏模量	E	100	GPa
泊松比	σ	0.25	—

相关法反演所需数据主要是地形和布格重力异常。本书采用的陆地地形和海洋海底地形数据来自 ETOPO1 模型[195](http：//www. ngdc. noaa. gov/mgg/global/)。ETOPO1 模型是美国国家海洋大气局(NOAA)基于大量全球和区域数据建立的一个全球地形起伏模型，包括陆地地形和海洋测深数据，分辨率为 1 弧分，是目前分辨率最高的地形起伏数据之一。采用 ETOPO1 绘制的青藏高原—喜马拉雅构造带的地形起伏如图 4 - 1 所示。

重力异常数据由地球重力场模型 EIGEN6C3stat[197](http：//icgem. gfz - potsdam. de/ICGEM/)计算得到。EIGEN6C3stat 重力模型是德国波兹坦地学中心(GFZ)结合现有重力卫星数据(包括 Goce、Grace、Lageos)和地面观测数据开发的高精度地球重力模型，最高阶次为 1949。由于网格数据精度和计算最高球谐系数阶次 N_{max} 的关系约为 $180/N_{max} = 0.125°$，故本书将 IGEN6C3stat 全球重力模型解算到 1440 阶，计算网格大小选取 0.1°。由于研究区包含海拔高度达 8000 多米的喜马拉雅山脉，为了使得计算的自由空气异常包含研究区所有物质，因此重力模型解算中选取的计算高度为 10 km(相对于 WGS 参考椭球模型)。获得自由空气重力扰动(即自由空气重力异常)的网格数据见图 4 - 2(a)。如图 4 - 2(a)所示，在青藏高原周缘存在几条大型正负重力异常条带，沿喜马拉雅山—喀喇昆仑山脉的正条带异常和沿恒河盆地北部的负条带异常对应，沿阿尔金山—西昆仑山脉的正异常与塔里木盆地南缘的负条带异常对应，龙门山与四川盆地西缘的正负条带重力异常对应等。

为了得到研究区的布格重力扰动(或称布格重力异常)，需要对自由空气重力扰动进行地形校正。本书采用基于球冠体积分的地形校正方法[198]计算全球区域的地形校正值。地形数据采用 ETOPO1 模型，陆地校正密度为 2670 kg/m³，海洋校正密度为 1640 kg/m³。利用墨卡托投影转换为 10 km × 10 km 的规则网格数据。图 4 - 2(b)为青藏高原—喜马拉雅地区的地形校正值。利用图 4 - 2(b)所示的地形校正量对自由空气重力扰动进行地形校正，得到青藏高原—喜马拉雅构造带的布格重力扰动[图 4 - 2(d)]。

由于地表沉积层密度为 1900 ~ 2670 kg/m³，平均值约为 2270 kg/m³，与平均地壳密度(2670 kg/m³)差别显著，且沉积层厚度为 0 ~ 21 km，对布格重力异常有较大影响[199]。因此，为了消除沉积层的重力效应，在本书中结合 Stolk 等[199]的亚洲地壳模型和全球地壳模型 Crust1.0[196]的沉积层厚度和密度分布，计算沉积层变化的重力影响[如图 4 - 2(c)所示]，对布格重力异常进行沉积层改正。同时，地形荷载也必须进行相应的等效转换。地形转换的原则为：对于陆地地区厚度为 h_s、密度为 ρ_s 的沉积层，原始的地形为 h，转换后的地形为 $h' = h - h_s + \rho_s h_s/\rho_c$。海洋地区不仅可能存在沉积层，而且存在海水，转换公式为 $h' = h - h_s + \rho_s h_s/\rho_c - \rho_w h/\rho_c$，由此可以避免陆地和海洋分开计算。

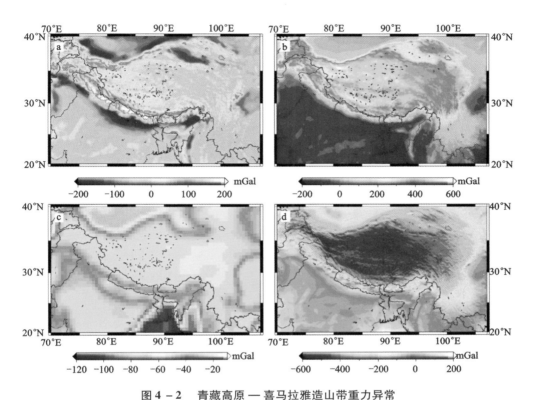

图 4 – 2　青藏高原 — 喜马拉雅造山带重力异常

a— 自由空气重力扰动；b— 地形校正量；c— 沉积层校正量；d— 布格重力扰动

从地形图 4 – 1 可以看到，青藏高原 — 喜马拉雅构造带及其周缘的地形变化巨大，而图 4 – 2(d) 卫星布格重力异常则与地形成对应关系。青藏高原平均海拔达 5000 m，在青藏高原内部大部分地区，呈现布格重力异常低的特点[图 4 – 2(d)]，其值为 – 300 ~ – 600 mGal。青藏高原周边沿天山、昆仑山、阿尔金山、祁连山、川西和横断山一线为界，地势迅速下降，过渡到地形海拔 1000 ~ 2000 m，布格重力异常值 – 200 ~ – 300 mGal。青藏高原周边地区的恒河盆地、塔里木盆地、四川盆地和鄂尔多斯盆地等地区呈现布格重力异常高的特点。

4.3　青藏高原 T_e 空间分布特征

第 3 章的模型试验表明：在 Fan 小波谱相关法常用的五种中心小波中，$|\boldsymbol{k}_0| = 7.547$ 估计的 T_e 过度平滑，因此在本章中仅采用 $|\boldsymbol{k}_0| = 2.668$、$3.081$、$3.773$ 和 5.336 四个中心波数的 Fan 小波进行青藏高原 — 喜马拉雅造山带的岩石

圈有效弹性厚度反演。利用 4.2 节介绍的数据和参量,四个小波反演的 T_e 空间变化如图 4-3 所示。图 4-3 表明:Fan 小波不同的中心波数 $|\boldsymbol{k}_0|$ 反演的青藏高原—喜马拉雅造山带 T_e 分布趋势基本一致。连续的高 T_e 值分布在克拉通地区,例如印度地盾、塔里木盆地、鄂尔多斯盆地;而低 T_e 值主要分布在青藏高原和中国西南大部分地区。值得注意的是,不同 $|\boldsymbol{k}_0|$ 反演结果反映的 T_e 值结构在横向展布和幅值上均存在差异。如图 4-3(a) 和(d) 所示,对于高 T_e 值的印度地盾,高 $|\boldsymbol{k}_0|$ 小波反演的 T_e 幅值明显小于低 $|\boldsymbol{k}_0|$ 小波反演结果,且前者在空间上更为平滑,这和3.2 节椭圆模型试验的结果相符。

最为明显的差异主要出现在青藏高原南部,特别是沿着喜马拉雅和喀喇昆仑山脉及它们的前陆恒河盆地,反演的 T_e 值随不同 $|\boldsymbol{k}_0|$ 小波显著变化。$|\boldsymbol{k}_0|$ = 3.773 和 5.336 反演的结果[图 4-3(c) 和(d)]显示印度大陆的高 T_e 值(40 ~ 70 km)扩展穿过喜马拉雅地体和拉萨地体,进一步到达羌塘地体和松潘甘孜地体东部。而低 $|\boldsymbol{k}_0|$ 反演结果[图 4-3(a) 和(b)]显示达 60 ~ 100 km 的高 T_e 值主要分布在印度地盾中部,并且在恒河盆地北部和喜马拉雅山脉地区 T_e 值降低为 20 ~ 50 km。此外,低 $|\boldsymbol{k}_0|$ 小波识别出了一些小尺度变化的 T_e 特征,例如柴达木盆地的中等 T_e 值和沿着龙门山和东昆仑断裂带的低 T_e 带[如图 4-3(a)]。由于高 $|\boldsymbol{k}_0|$ 小波的相关度反演趋向于平滑掉小尺度异常和陡峭边界[158, 159],因此无法反演出这些小尺度 T_e 的变化。

Mckenzie 和 Fairhead[141]、McKenzie[84] 指出:未显式表达的初始内部荷载引起的"重力噪声"(gravitational noise) 可能会污染布格重力异常相关度,从而导致谱相关法失效。这里的"重力噪声"不是观测数据的仪器误差或观测误差,而是不能被挠曲均衡模型考虑到的重力异常[83]。

为了探测 Fan 小波相关法反演中可能由"重力噪声"引起的偏差 T_e 结果,Kirby 和 Swain[160] 指出:转折波长处的自由空气异常相关度的虚部平方(Free – air SIC,The squared imaginary component of the normalized free – air coherency)可以用于评估反演结果是否存在偏差。该方法也被用于本书中青藏高原 — 喜马拉雅造山带的偏差评估。下面简述该方法的原理[160]。

自由空气重力异常 G 和地形 H 的相关度定义为:

$$\Gamma = \frac{\langle GH^* \rangle}{\langle GG^* \rangle^{\frac{1}{2}} \langle HH^* \rangle^{\frac{1}{2}}} \tag{4-1}$$

对于 Fan 小波相关法,上式仍采用 2.6 节中 Fan 小波互功率谱和自功率谱的计算公式并以方位角进行平均。为了衡量相关度实部和虚部的相对贡献,将相关度的实部和虚部平方进行归一化:

$$\Gamma_R^2 = \frac{(Re\Gamma)^2}{|\Gamma|^2}, \quad \Gamma_I^2 = \frac{(Im\Gamma)^2}{|\Gamma|^2}, \quad \Gamma_R^2 + \Gamma_I^2 = 1 \tag{4-2}$$

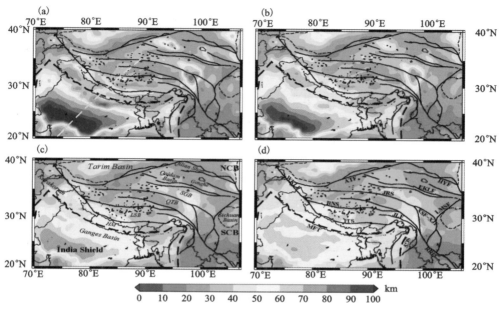

图 4 - 3 青藏高原 — 喜马拉雅造山带 T_e 分布

$|k_0|$ 等于(a) 2.668,(b) 3.081,(c) 3.773,(d) 5.336

经过归一化后,相关度的实部和虚部平方分别代表了其对整个相关度的相对能量和相对贡献。其中,相关度虚部平方部分包含了两个信号不相关(未表达)的谐波信息,因此可以用于衡量误差影响的程度[160]。由于相关度虚部平方随波数(对应 Fan 小波尺度)变化而变化,这里取转折波长处的归一化自由空气相关度的虚部平方最大值作为判断标准,当其大于 0.5 时,对应点反演的 T_e 被认为受重力误差影响的可能性较大。

图 4 - 4(a) ~ (d) 显示了不同 $|k_0|$ 小波对应的 Free-air SIC 极大值,图 4 - 4(e) ~ (h) 中灰色区域标明了可能被"重力噪声"影响的 T_e。为了检验反演拟合情况和重力噪音的影响,图 4 - 5 和图 4 - 6 显示了利用 $|k_0| = 2.668$ 和 $|k_0| = 5.336$ 小波反演的四个点的一维相关度曲线拟合结果,点的位置在图 4 - 4(e) 和 (f) 中标注为五角星。图 4 - 4 和图 4 - 5 显示:在青藏高原 — 喜马拉雅造山带地区确实存在一些"重力噪音"影响反演结果,特别是对于较低 $|k_0|$ 小波的反演结果,例如在印度地盾的南部和青藏高原的南中部[见图 4 - 4(e) ~ (f) 和图 4 - 5(b)、(d)]。图 4 - 4(e) ~ (h) 表明影响区域随着 $|k_0|$ 的降低而减小,高 $|k_0|$ 小波反演结果基本不受影响。

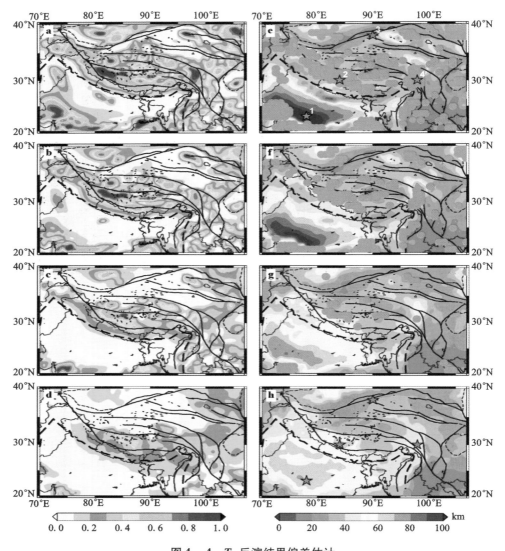

图 4 - 4 T_e 反演结果偏差估计

（a）~（d）转折波长处的归一化自由空气相关度的虚部平方最大值：$|k_0|$ =（a）2.668，（b）3.081，（c）3.773 和（d）5.336；（e）~（h）T_e 反演结果中灰色区域为可能被较大的"重力噪声"影响的反演结果，也即（a）~（d）中值大于 0.5 的区域

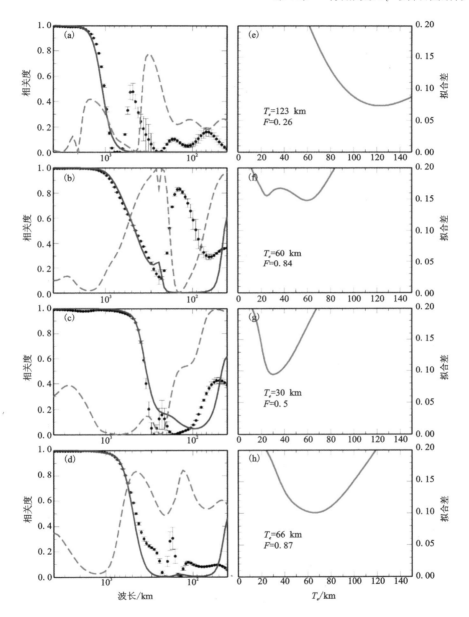

图 4 - 5　利用 $|k_0|$ = 2. 668 小波计算的实测相关度、最佳拟合的预测相关度、自由空气 SIC 和拟合差曲线示例

（a）~（d）中显示了实测相关度（带误差棒的黑色圆点）、最佳拟合的预测相关度（蓝色实线）和自由空气 SIC（红色虚线）。（e）~（h）是拟合差曲线（红色实线）。从上到下的点位置对应于图 4 - 4 中绿色五角星的 1 ~ 4 标号

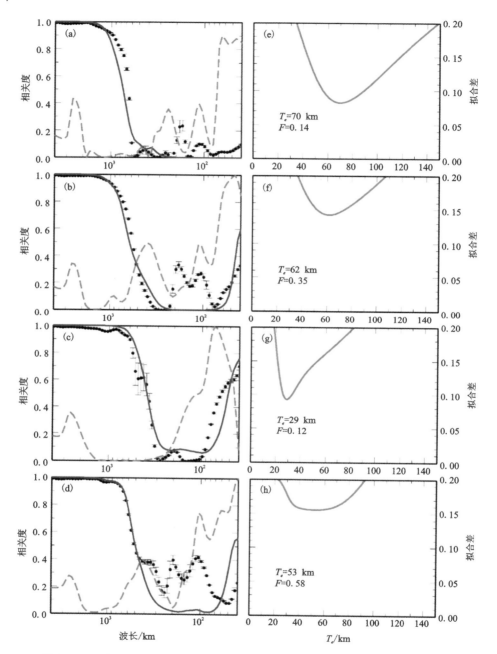

图 4 - 6　利用 $|k_0|$ = 5.336 小波计算的实测相关度、最佳拟合的预测相关度、

自由空气 SIC 和拟合差曲线示例

图中 (a) ~ (h) 的注释与图 4 - 5 (a) ~ (h) 的注释相同

前人已经在青藏高原 — 喜马拉雅造山带做了大量岩石圈有效弹性厚度研究（见表4.2）。在印度地盾地区，一些研究者（例如：Lyon - Caen 和 Molnar[15]、Jordan 和 Watts[99]）获得了较为均一的高 T_e（约 60 km），这和本书结果估计的高 T_e 值一致（60 - 100 km）。比较 Jordan 和 Watts[99] 的区域 T_e 图可知，他们估计的最大 T_e（70 和 120 km）出现在恒河盆地中部，但是本书 $|\boldsymbol{k}_0| = 2.668$ 结果显示 $T_e = 60 \sim 100$ km 的高值出现在印度地盾的中部，它在恒河盆地北部已经降为 10 ~ 50 km。这个低 T_e 与 McKenzie 和 Fairhead[141]、Cattin 等[200] 在该区域估计的 T_e 值（约 40 km）一致。具体对比结果见表 4 - 2。

表 4 - 2　青藏高原 — 喜马拉雅造山带的岩石圈有效弹性厚度研究总结

区域或剖面	T_e /km	$T_e(\,|\boldsymbol{k}_0| = 2.668)$	$T_e(\,|\boldsymbol{k}_0| = 5.336)$
喜马拉雅前陆盆地或印度地盾	$60 \sim 70^{[15,16]}$；$80 \sim 100^{[91]}$；$80^{[201]}$；$80 \sim 100^{[202]}$；$90^{[98]}$；$42^{[114]}$；$40 \sim 50^{[200]}$；$40^{[116]}$；$80 \sim 100^{[167]}$；$60^{[3]}$；$18 \sim 26^{[203]}$；$30 \sim 100^{[99]}$；$60 \sim 80^{[204]}$；$70^{[118]}$；$> 80^{[11]}$；$60 \sim 120^{[172]}$；$60 \sim 85^{[205]}$	大部分印度地盾：$60 \sim 100$ 恒河盆地北部：$20 \sim 50$	$50 \sim 70$
喜马拉雅山脉青藏高原南部	$10 \sim 20^{[15]}$；$30^{[98]}$；$30^{[200]}$；$35^{[173]}$；$15 \sim 40^{[99]}$；$20 \sim 30^{[204]}$	$20 \sim 60$	$40 \sim 70$
喀喇昆仑山脉昆仑 — 塔里木	$40^{[165,206]}$；$30 \sim 40^{[207]}$；$20 \sim 30^{[167]}$	$20 \sim 40$	$40 \sim 50$
塔里木盆地	$40 \sim 45^{[98]}$；$50 \sim 60^{[96]}$；$100 \sim 120^{[202]}$；$60 \sim 100^{[208]}$；$40 \sim 110^{[167]}$；$40 \sim 45^{[207]}$；$50^{[99]}$；$60 \sim 100^{[172]}$	$20 \sim 60$	$30 \sim 60$
青藏高原东北部	$30^{[173]}$；$10 \sim 30^{[167]}$；$5 \sim 40^{[164]}$	$10 \sim 30$	$10 \sim 30$
柴达木盆地	$50 \sim 70^{[167]}$；$50 \sim 60^{[99]}$；$50 \sim 90^{[164]}$；$50 \sim 70^{[172]}$	$30 \sim 50$	
青藏高原中部	$< 10^{[209]}$；$40 \sim 50^{[98,147]}$；$20^{[173]}$；$10 \sim 30^{[167,172]}$；$5 \sim 35^{[99]}$	$10 \sim 30$	$10 \sim 30$
青藏高原东部	$20 \sim 40^{[167]}$；$36 \sim 38^{[210]}$；$20 \sim 45^{[99]}$	$10 \sim 40$	$20 \sim 40$
龙门山造山带	$7^{[169]}$；$5 \sim 20^{[164]}$	$10 \sim 20$	—
四川盆地	$45^{[210]}$；$30 \sim 50^{[99]}$；$40 \sim 60^{[11]}$	$20 \sim 40$	$20 \sim 40$

在喜马拉雅西部、西昆仑和喀喇昆仑山脉地区，本书反演的 T_e 值为 20 ~

40 km，这与 Braitenberg 等[167] 和 Jiang 等[207] 的结果一致。但是，在塔里木盆地，Yang 和 Liu[208]、Braitenberg 等[167] 计算的 T_e 值高达 110 km，这比本书结果（40 ~ 60 km）高。在青藏高原东部，Jiang 和 Jin[210] 获得的 T_e 为 36 km，四川盆地的 T_e 为 45 km。Fielding 和 Mckenzie[169]、李永东等[164] 在龙门山地区反演的 T_e 分别为 7 km 和 5 ~ 20 km。这些结果与本书反演的青藏高原东部（20 ~ 40 km）、龙门山（10 ~ 20 km）和四川盆地西部（20 ~ 40 km）结果基本相同。

在整个青藏高原，本书获得了 10 ~ 90 km 的 T_e 结构，其中宽广的低值（10 ~ 30 km）分布在青藏高原的中部、北部和东南部。高值出现在柴达木盆地（30 ~ 50 km）、羌塘地体东部（50 ~ 90 km）和沿着雅鲁藏布缝合带（40 ~ 60 km）。Jin 等（1994，1996）估计了横穿青藏高原剖面的 T_e 值为 10 ~ 50 km。Rajesh 等[173] 利用二维谱方法发现青藏高原中部 T_e 值很低，为 10 ~ 30 km。此外，Braitenberg 等[167]、Jordan 和 Watts[99]、Chen 等[172] 分别获得了青藏高原空间变化的 T_e 结构。这些研究均发现大部分青藏高原具有低 T_e 值（10 ~ 30 km），高 T_e 值分布于柴达木盆地，这和本书结果基本吻合。

为了直接对比，图 4 - 7 绘制了利用 $|\boldsymbol{k}_0| = 2.668$ 的 Fan 小波相关法的反演结果和窗口尺寸为 800 km × 800 km 的多窗谱法[172] 反演的青藏高原 — 喜马拉雅构造带的 T_e 空间变化。图 4 - 7 显示，本书的结果和 Chen 等[172] 的发现基本一致。两种方法获得的结果都表明：整个印度地盾以高 T_e 值为主（大于 60 km），而青藏高原中部、北部以及中国西南大部分地区主要为低 T_e 值（小于 40 km）。两个结果的差别主要分布在羌塘地体东部和青藏高原南部。多窗谱法结果显示：在东喜马拉雅造山带和拉萨地体中存在一个高 T_e 结构，这和高中心波数结果[$|\boldsymbol{k}_0| = 5.336$，图 4 - 3(d)] 类似。但是小波法估计的高 T_e 区域扩展到了喜马拉雅造山带西部。此外，本书发现了羌塘地体东部存在高 T_e 异常，而多窗谱结果[172] 没有这个特征。

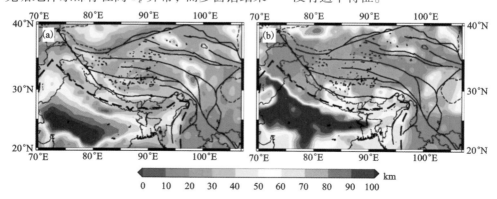

图 4 - 7　小波法和多窗谱法估计的青藏高原 — 喜马拉雅构造带 T_e 空间分布对比

反演方法分别为：(a) $|\boldsymbol{k}_0|$ = 2.668 的 Fan 小波相关法；(b) 窗口尺寸为 800 × 800 km 的多窗谱法[172]

4.4　荷载比率

荷载比率(Loading ratio)是评估地表和地下质量分布的一个潜在指标[155]。图 4 – 8 显示了不同 $|k_0|$ 小波反演的 T_e 对应的特征挠曲波长处的内部荷载比率(F)。内部荷载比率定义为内部荷载和总荷载的比值，也即 $F = f/(1 + f)$ [84]，其中 f 由公式(2 – 86)计算得到。挠曲波长处的荷载比率 F 从 0 变化到 1；$F = 0$ 对应完全的地表加载；而 $F = 1$ 对应纯地下荷载作用；$F = 0.5$ 表示地表荷载和地下荷载量相等。

如图 4 – 8 所示，印度地盾主要为地表荷载，这个结果与 Ratheesh – Kumar 等[205] 的结果一致，他们认为这些明显的地表荷载是由造山应力引起的。低内部荷载率(地表荷载为主)还分布于沉积层较厚的松潘甘孜地体中部和柴达木盆地，而大部分青藏高原以显著的内部加载为主。明显的地下加载也分布于塔里木盆地南部和中国西南地区。这些内部荷载可能与致密的俯冲板块和热异常相关。

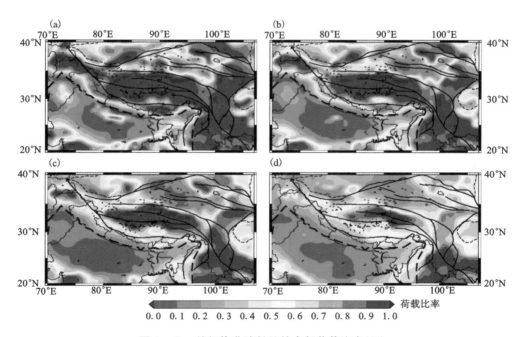

图 4 – 8　特征挠曲波长处的内部荷载比率(F)

$|k_0|$ 为：(a) 2.668，(b) 3.081，(c) 3.773，(d) 5.336

4.5　T_e 空间变化对青藏高原岩石圈结构的启示

由于青藏高原 — 喜马拉雅构造带复杂的地质结构，因此估计的 T_e 值展现了很大的空间变化。下面，我们将就青藏高原 — 喜马拉雅构造带不同部分的 T_e 分布展开讨论，分析 T_e 值与岩石圈结构和变形的关系。

4.5.1　印度地盾和青藏高原南部

为了分析该区域的 T_e 分布，这里沿 SW—NE 方向截取穿过印度地盾、喜马拉雅和青藏高原南部的剖面，图 4 – 9 为沿剖面的地形和 T_e 值。由图 4 – 9 可知，四个不同 $|\boldsymbol{k}_0|$ 小波均获得了一个分布在印度地盾中部的 T_e 极大值。在高值周围（特别是西南角），这个显著的高值迅速下降，这种趋势和第 3 章模拟实验中的高窄椭圆模型反演结果（见图 3 – 9）一致。印度地盾位于青藏高原 — 喜马拉雅造山带的西南边，它主要由一些前寒武纪的克拉通和介于其间的活动带组成[211]。如图 4 – 3 所示，该高 T_e 值（大于 60 km）广泛分布在大部分印度地盾的北部和东部的西隆高原和东构造结，指示了一个非常刚性的岩石圈。印度地盾的地壳厚度为 35 ~ 40 km[212]，这个地壳厚度远远小于 T_e 值。此外，地震波成像研究[213, 214] 显示：在印度地盾下方存在一个厚的高速地幔盖，表明该地区具有一个冷的强岩石圈地幔，这是高 T_e 值的主要根源。

印度大陆往北，最小中心波数 $|\boldsymbol{k}_0|$ 反演结果显示［如图 4 – 3（a）所示］：沿着喜马拉雅弧存在一个窄长条型低 T_e 带，该低 T_e 区域从恒河盆地北部，穿过喜马拉雅山脉，延展到青藏高原南部。向北，沿着雅鲁藏布江缝合带分布着一些小尺度的高 T_e 异常。此外，一个明显的高 T_e 值（50 ~ 90 km）出现在羌塘地体和松潘甘孜地体东部。值得注意的是，$|\boldsymbol{k}_0|$ = 2.668 小波反演的这些高 T_e 异常区有可能是被"重力噪声"影响的区域［图 4 – 4（e）］。另外三个小波的结果显示，印度地盾北部的高 T_e 区域（40 ~ 70 km）穿过恒河盆地和喜马拉雅山脉，到达了班公湖 — 怒江缝合带，和 $|\boldsymbol{k}_0|$ = 2.668 小波反演结果的空间展布明显不同。在印度地盾东边，$|\boldsymbol{k}_0|$ = 5.336 小波反演的结果显示高 T_e 扩展到了西隆高原、东喜马拉雅构造结、羌塘地体和松潘甘孜地体东部。

由剖面图 4 – 9 可以看到，印度地盾高 T_e 中心的西南角 T_e 快速减弱，而在恒河盆地和喜马拉雅山脉一侧，高 T_e 值的降低明显平缓很多，并在高 $|\boldsymbol{k}_0|$ 结果中显示为一个平滑的 T_e 高原（约 60 km）。往北，在羌塘地体中，这个高 T_e 的值又快速衰减为 30 km 左右，这个 T_e 特征和矮宽型椭圆 T_e 模型（图 3 – 10）的特征相符。Kirby 和 Swain[19] 指出：在范围大且具有相对均一 T_e 的构造单元里，高 $|\boldsymbol{k}_0|$ 小波

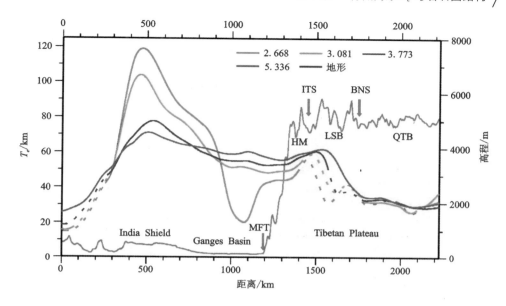

图 4 - 9　穿过印度地盾、喜马拉雅和青藏高原南部的 SW—NE 剖面的 T_e 和地形

剖面位置如图 4 - 3(a)所示；实线表示不同小波中心波数反演的 T_e 值；虚线代表图 4 - 4 中可能受较大"重力噪声"影响的区域

反演的 T_e 结果可能更为精确。高 $|k_0|$ 小波趋向于反映大尺度的 T_e 趋势，而低 $|k_0|$ 则在获得小尺度 T_e 结构时更为有用。因此，在青藏高原南部，这些 $|k_0|$ 小波反演的 T_e 的高低不同的分布，可能暗示出这里存在弱地壳和强地幔，而这个强地幔与下插的高强度印度岩石圈相关。Hetényi 等[204] 基于热流变模拟的结果也支持这个推断。

由于岩石圈有效弹性厚度主要反映了岩石圈力学强度在深度上的一个综合特征，仅从 T_e 的平面和空间分布无法判断力学强度在岩石圈深度上的分布。但是，本书获得的 T_e 在水平空间上的展布与许多其他地球物理研究结果吻合。例如地震研究[36, 41, 219] 显示：在青藏高原南部地壳内存在广泛的低波速区，被解释为部分熔融区或流体[36, 220, 221]。大地电磁测量[222, 223] 也表明该地区地壳存在低电阻率层。一般来说，部分熔融和相伴随的力学解耦会使得岩石的力学强度下降好几个数量级[224]。因此，这些因素能导致小尺度的低 T_e 产生[见图 4 - 10(a)]，同时指示出青藏高原南部为弱地壳。

在青藏高原开展的 Hi - CLIMB 和 INDEPTH 科学试验[40, 41] 显示，印度大陆地区的莫霍面深度为 35 ~ 40 km，在青藏高原地区显著增加到 70 ~ 80 km。这个显著的莫霍面深度变化与地表地形变化关系很弱，在一定程度上反映了强板块的区域均衡[99, 204]。此外，图 4 - 10 显示，在喜马拉雅山脉和青藏高原南部下方深度为 80

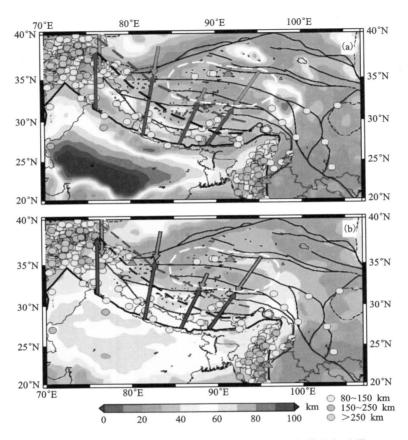

图 4 - 10 T_e 空间展布与深地震和俯冲的印度板块北部边界

图中 $|k_0|$ 分别等于(a)2.668 和(b)5.336；俯冲的印度板块北部边界根据地震研究[57, 215]绘制。地震数据(不同颜色圆圈表示，不同颜色代表不同震源深度)来源于 USGS/NEIC(http://earthquake. usgs. gov/earthquakes/eqarchives/epic/)。黑色和蓝色虚线分别为 Li 等[52]、Bijwaard 和 Spakman[216]根据地震波速度推测的在 200 km 深度印度板块的北部俯冲边界。绿色和蓝色箭头代表了接收函数研究[39, 57]估计的亚洲和印度板块在深度150~200 km 的底面位置。白色虚线是 Sn 波传播不足和低 Pn 波速区[50, 217, 218]

~ 110 km 的上地幔聚集了大量不寻常的深部地震[225, 226]，这被解释为强地幔的证据[226]。这些研究和本书用高 $|k_0|$ 小波(例如 3.773 和 5.336)在该地区获得的高 T_e 一致，可能暗示了存在与俯冲的刚性印度岩石圈有关的强岩石圈地幔。

4.5.2 青藏高原中部和北部

班公湖 — 怒江缝合带以北的青藏高原中部和北部，T_e 值均较低(10 ~

40 km）。低 $|\boldsymbol{k}_0|$ 小波反演结果［图 4 - 3（a）和（b）］显示：显著的低 T_e 值（约 30 km）广泛分布在羌塘地体中部、阿尔金山、东昆仑和龙门山断裂带；而高 T_e 值仅分布在羌塘地体和松潘甘孜地体东部。

这些广泛分布的低 T_e 值表明青藏高原中部和北部的岩石圈力学强度弱，这和地震观测研究得到的异常高泊松比[44]、上地幔 Sn 波传播不足[50, 217, 227] 和 Pn 波速区[50] 基本一致，如图 4 - 10 白色虚线范围所示。该低 T_e 区也与地壳中广泛存在的低电阻率区对应[228, 229]。所有这些观测均指示了青藏高原中部和北部存在大量的地壳熔融和热地幔[36, 44, 227]。此外，地质研究[230, 231] 表明这些区域在新近纪到第四纪存在广泛的火山作用。因此，这个区域广阔的低 T_e 值指示了大部分青藏高原中部和北部地区具有弱地壳和弱地幔。此外，它也表明刚性的印度板块并没有俯冲到达班公湖 — 怒江缝合带以北的青藏高原中部，除了羌塘地体东部的高 T_e 区，这里的高值可能与俯冲的印度板块有关。

在青藏高原东北部，中等 T_e 值出现在柴达木盆地和第四纪覆盖区，这两个地区均覆盖了厚厚的沉积层。柴达木盆地具有前寒武纪基底，其上覆盖了最大厚度达 10 km 的新生代陆内沉积层[232]。这和该区域相对较高的 T_e 和显著的地表加载（图 4 - 8）吻合，表明柴达木盆地具有刚性基底，这与地质研究结果[13] 一致。显著的低 T_e 值沿着东昆仑、阿尔金山和祁连山分布。一般来说，大的变形容易集中在强度弱的区域，因此以力学强度弱为特征的东昆仑、阿尔金山和祁连山可能是容纳印度 — 欧亚大陆汇聚变形的主要地区，这和 GPS 测量结果吻合。GPS 研究[233-236] 显示快速地壳缩短出现在祁连山（6 ~ 10 mm/a）、阿尔金山（约 9 mm/a）和东昆仑（10 ~ 12 mm/a）。地质研究[22, 194] 也证明了这些山脉区域仍然在不断隆升，反映其在不断容纳地壳变厚的产物。

4.5.3　T_e 和青藏高原南部的俯冲结构

根据前文讨论，本书推断高 $|\boldsymbol{k}_0|$ 小波反演得到的青藏高原南部的高 T_e 值［图 4 - 3（c）和（d）］指示了与俯冲的刚性印度板块有关的强岩石圈地幔的存在。因此，这个 T_e 的空间变化为解释印度板块北部俯冲延伸边界提供了一个新的思路。但是，由第 3 章的模型实验可知，小波法在反演被低 T_e 包围的高 T_e 结构时，高 T_e 结构周边存在一定范围的高估（扩边效应）。因此，在解释青藏高原 — 喜马拉雅构造带的 T_e 分布时，需要考虑高 T_e 结构的扩边效应。剖面图 4 - 9 显示：高 T_e（约 60 km）到低 T_e 平原（约 30 km）的距离为 400 ~ 500 km。如果利用低值椭圆模型实验显示的扩边效应约 300 km 范围作为标准［$|\boldsymbol{k}_0|$ = 5.336，图 3 - 10（g）］，本书将 $|\boldsymbol{k}_0|$ = 5.336 小波反演的青藏高原南部 $T_e \approx 40$ km 的位置解释为印度板块的北部俯冲边界。如图 4 - 10（b）所示，这个高 T_e 结构的 40 km 边界线刻画的北部边界，在印度

大陆和欧亚大陆接触的西部地区(70°E 至 80°E),俯冲可能到达了兴都库什山脉和塔里木盆地的西南边界;中部(80°E 至 87°E)俯冲前缘沿着班公湖—怒江缝合带分布;往东在 87°E 和 93°E 之间,印度板块的俯冲往南移到了雅鲁藏布江缝合带;在东部,这个边界达到了羌塘地体和松潘甘孜地体东部。

地震波区域成像图[51,52]显示,在青藏高原南部下方存在一个明显的高波速俯冲结构,被解释为冷的印度岩石圈。在上地幔 100 km 至 200 km 深度,这个高 P 波速度异常的北部已经延展到了塔里木盆地的西南边界,在青藏高原中部到了班公湖—怒江缝合带(如图 4-10 黑色虚线所示,Li 等[52])。接收函数研究[237]和 P 波成像剖面[54]也表明在青藏高原西部,印度岩石圈向北俯冲到了兴都库什和帕米尔地区,也即喜马拉雅西构造结,该地区也是地球上中深地震最为活跃的地区之一(见图 4-10)。向东,多种地震波研究[37-40,57]均显示俯冲的印度岩石圈的北部延展到了接近青藏高原中部的班公湖—怒江缝合带。如图 4-10(b)所示,高 T_e 区的北部界限与这些地震观测结果非常吻合。

但是,在 87°E~93°E,这个 T_e 刻画的边界向南移至雅鲁藏布江缝合带,而不是接受函数研究显示的班公湖—怒江缝合带附近[37,39,41]。图 4-10(b)显示,在雅鲁藏布江缝合带和班公湖—怒江缝合带之间是一个相对较低的 T_e 值。这个相对弱区域和在同一区域地震波成像显示的地震波速度异常结构[51,52]一致。地震波速度模型显示:在上地幔 200 km 以上的高波速结构并未越过雅鲁藏布江缝合带;相反,在其下方的上地幔 300~500 km 深度(平面位置在 90°E 和 31°N 之间),观测到了一个中等高波速异常[52]。有限频地震波成像[238]也指示了在该地区地壳至 300 km 上地幔存在显著的低波速结构,它同时对应了一个深至地幔转换带的高波速特征,这被解释为俯冲的印度地幔岩石圈拆沉的证据[238]。俯冲的印度地幔岩石圈对青藏高原南部总体的岩石圈力学强度具有相当大的贡献[204],它的拆沉将导致 T_e 值的锐减,因此对应的低 T_e 区域可能暗示了该地区存在俯冲的印度地幔岩石圈拆沉作用。

93°E 以东,高 T_e 边界可以追溯到青藏高原东部的金沙江缝合带和鲜水河断裂带。本书的研究认为,在 95°E-100°E 地区,印度岩石圈向北可能俯冲到了羌塘地体和松潘甘孜地体的东部,这和 Liang 和 Song[239]的 Pn 成像结果吻合。这也与 Huang 等[51]的地震波成像研究中在 110 km 和 200 km 深度上的高波速北部边界一致,但是比 Li 等[52]估计的地震波高波速异常偏北。

第 5 章　青藏高原东南缘 T_e 与岩石圈变形

青藏高原东南缘位于中国西南地区，占据了四川省和云南省大部分区域。由于受印度板块向北的碰撞俯冲、缅甸板块向东的碰撞俯冲和东缘刚性扬子陆块的阻挡，该地区岩石圈变形强烈、深大走滑断裂发育（例如鲜水河 — 小江断裂带、龙门山断裂和红河 — 哀牢山断裂带等，如图 5 - 1 所示）、地震活动频繁，是现今地球上大陆变形和构造运动最活跃的地区之一，也是研究青藏高原整体隆升、变形和演化的重要窗口。

与其他陡峭边界相比，青藏高原东南缘地形梯度明显偏小，无明显大尺度地壳缩短[48]，且具有显著的地表运动[236]，其形成的动力学机制备受国内外学者的关注，是目前国际地球动力学研究的热点之一。为此，学者们提出了多种动力学模型来解释青藏高原东南缘的物质迁移和岩石圈变形机制，包括："刚性块体挤出"[22, 58]"连续变形"[59, 60]和"地壳流"[17, 48]等。这些模型对我们理解青藏高原东南缘的变形和演化起到了积极的推动作用，但是同时也反映了对该地区岩石圈的变形本质和力学强度认识的差异和不足，在这方面至今仍存在较大的学术观点分歧。例如，"刚性块体挤出"模型假定岩石圈由刚性块体和弱的深大断裂带组成，"连续变形"模型则假定整个岩石圈大部分是流变体而非刚性体，两者存在截然相反的见解。因此，为了深入剖析青藏高原东南缘的岩石圈变形模式，对该区域的岩石圈力学强度开展进一步研究是非常必要的。

除了岩石圈变形模式的研究，壳幔变形的连续性和耦合状态也是近年来学者们研究青藏高原东南缘岩石圈变形机制所关注的重点[64]。现有研究表明：青藏高原东南缘地壳和地幔均存在显著的低速层（例如 Wang 等[240]、Li 等[52]）以及壳幔变形的不连续和解耦[70, 71]，但是针对其分布范围存在较大分歧[64]。与连续变形的岩石圈相比，壳幔解耦的岩石圈的纵向强度剖面会存在弱的中／下地壳解耦带。此外，壳幔解耦会显著降低岩石圈的 T_e[2]，且 T_e 各向异性的弱轴方向与现今地壳主应力方向、上地幔应变方向的关系也会呈现明显差异[87]。因此，开展对青

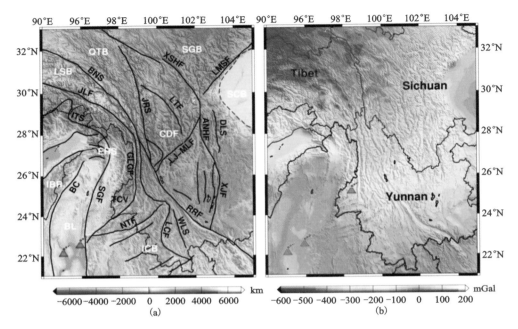

图 5 - 1 （a）青藏高原东南缘地形和地质构造背景；（b）布格重力异常

主要的断裂带用粗黑线表示，修改自 Tapponnier 等[22] 和 Shen 等[61]。细虚线表示四川盆地。细实线为国界和省界。主要断裂包括（括号内为代号）：安宁河断裂（ANHF）；缅甸弧（BC）；缅甸低地（BL）；班公湖—怒江缝合带（BNS）；川滇地块（CDF）；大凉山断裂（DLS）；东喜马拉雅构造结（EHS）；高黎贡断裂（GLGF）；印缅山脉（IBR）；印支地块（ICB）；雅鲁藏布江缝合带（ITS）；嘉黎断裂（JLF）；金沙江缝合带（JRS）；澜沧江断裂（LCF）；丽江—木里断裂（LJ－MLF）；龙门山断裂（LMSF）；拉萨地块（LSB）；理塘断裂（LTF）；南汀河断裂（NTF）；羌塘地块（QTB）；红河—哀牢山断裂（RRF）；四川盆地（SCB）；松潘甘孜地块（SGB）；实皆断裂（SGF）；腾冲火山（TCV）；无量山（WLS）；小江断裂（XJF）；鲜水河断裂（XSHF）。红色三角代表火山，资料来源于 http：//www.ngdc.noaa.gov/hazard/volcano。

藏高原东南缘岩石圈力学强度结构（T_e 及其各向异性）的研究，将为揭示该区域深部壳幔耦合状态、壳幔变形关系、弱下地壳流是否存在提供直接的证据。但是，目前针对青藏高原东南缘的 T_e 各向异性的研究鲜见报道。

本章利用最新的高分辨率卫星重力模型、地形数据，采用第 2 章介绍的二维 Fan 小波相关法，估计青藏高原东南缘岩石圈 T_e 和 T_e 大小各向异性，深入探讨东南缘现今壳幔耦合状态和岩石圈变形演化的动力学机制，为整个青藏高原—喜马拉雅构造带的深部结构和变形研究提供依据。

5.1　T_e 分布与岩石圈结构

　　这里采用与第 4 章相同的数据和处理方法获得地形和布格重力异常数据(如图5 - 1所示)。地形数据采用 ETOPO1 模型[195]，布格重力异常数据采用地球重力场模型 EIGEN6C3stat[197] 和 ETOPO1 模型进行地形校正后获得。岩石圈均衡模型仍采用地壳和地幔的两层模型，假定地下荷载和地下挠曲均衡面在 Moho 面深度，利用 Crust1.0[196] 获取研究区 Moho 面深度数据。详细处理和参量设置参考第 4 章 4.2 节。采用第 2 章 2.6 节介绍的各向同性的 Fan 小波相关法反演获得青藏高原东南缘的 T_e 分布。

　　图 5 - 2 是沿着 24°N 和 30°N 剖面的地形反演的 T_e 值、实测相关度和最佳拟合的预测相关度图。由剖面拟合图 5 - 2 可知，实测相关度和最佳拟合的预测相关度基本一致，并显示了清晰的挠曲转折波长(对应相关度为 0.5)。沿着自西向东的剖面，挠曲波长剧烈变化，对应着 T_e 的变化，例如高黎贡断裂[图 5 - 2(a)，对应约 97°E]和龙门山断裂[图 5 - 2(d)，约 102°E]两侧。

　　各向同性的 T_e 空间变化如图 5 - 3(a)所示。由图可知，大部分的青藏高原东南缘及周边地区 T_e 值均较低，这些低值分布在松潘甘孜地体和拉萨地块的东部(20 ~ 40 km)以及龙门山构造带(10 ~ 20 km)，并穿过川滇地块(15 ~ 30 km)，向南在云南西南地区达到最小值 5 ~ 15 km。实皆断裂西侧的缅甸低地(30 ~ 55 km)、羌塘地块南部(40 ~ 80 km)和四川盆地西部(30 ~ 40 km)以中等 T_e 值为主。这些结果与前人区域研究结果基本一致[99, 163, 167, 169, 172]。但是，羌塘地块南部获得的相对高 T_e 值并没有在 Jordan 和 Watts[99] 和 Chen 等[172] 的结果中体现；Braitenberg 等[167] 在那里也发现了一个相对周围低 T_e(约 10 km)较高的 T_e 异常(20 ~ 30 km)，但远比本书计算结果低。

　　图 5 - 3(b)是挠曲波长处对应的内部荷载比率。由图可知，青藏高原东南缘主要以地下荷载为主，地表荷载仅分布在喜马拉雅东构造结。在缅甸低地和四川盆地，地下荷载和地表荷载量相当。青藏高原东南缘显著的地下荷载可能与这里复杂的俯冲过程和地幔热结构密切相关。

　　图 5 - 3(a)显示，低 T_e 值不仅集中在深大断裂和地体缝合带附近，而且广泛分布在拉萨、松潘甘孜、川滇、印度支那地体的内部。这表明大部分青藏高原东南缘的岩石圈力学强度均较弱。Wang[166] 基于热流变的模拟表明：青藏高原东南缘的楚雄盆地是由相对弱的上地壳覆盖在软的下地壳和地幔组成的。此外，最近一些研究发现在青藏高原东南缘的中下地壳均存在低波速[64, 240, 241] 和低电导率区[67, 68]，表明深地壳存在软弱层。这些观测和本书结果吻合，暗示了估计的弹性厚度值主要由上地壳贡献。由于存在被大量活动走滑断裂切割的脆性上地壳和缺

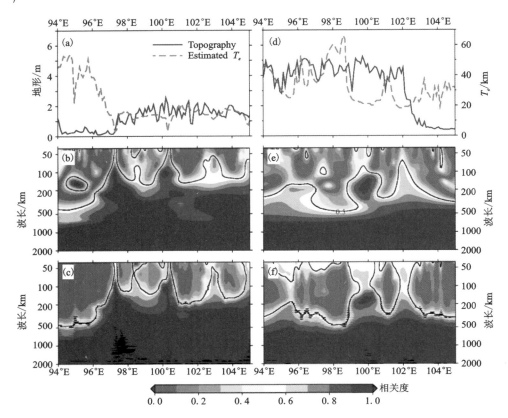

图 5 - 2   各向同性 T_e 反演的实测小波相关度和最佳拟合的预测小波相关度

沿剖面(a) ~ (c)24°N,(d) ~ (f)30°N;(b)、(c)、(e)、(f) 中黑色实线代表相关度为0.5

乏强度的下地壳及地幔,从而形成了这些广泛分布的低 T_e 区域。

在研究区南边,这个低 T_e 区域与云南地区(27°以南)的 T_e 最小值区相连。这个最小值区从西边的实皆断裂,穿过腾冲火山和红河——哀牢山断裂,向东延伸到华南陆块[见图5 - 3(a)]。最小值区对应腾冲火山活动区和高热流区(热流大于75 mW/m²)[242, 243]。在实皆断裂以西,印缅山脉和缅甸低地区对应相对高的 T_e 值(30 ~ 55 km)。结合地震震中分布[244]和地幔成像研究[51, 52]可以推断,这个相伴的高 T_e 异常与刚性的缅甸微板块向东下插俯冲有关。地幔成像研究发现[51, 52]:在缅甸山脉下方存在明显的向东下插的高地震波速结构,并伴随中国西南地区浅部上地幔(150 km以上)的低波速异常。因此,这个相对高的 T_e 值可能对应于刚性缅甸微板块的浅俯冲,而云南地区的最小值区可能与深地幔中古老俯冲板块的脱挥发分作用和热动力过程相关,例如浅软流圈对流[4]。印度欧亚板块的碰撞汇聚中,这个弱岩石圈能容纳大量的变形产物。

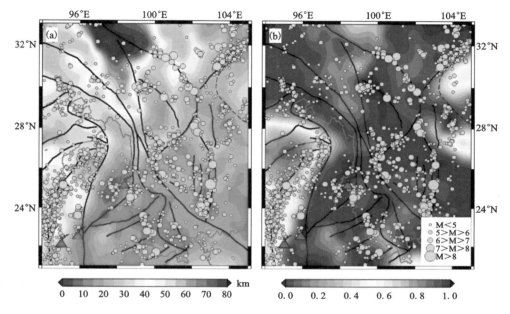

图 5 - 3　青藏高原东南缘 T_e 和内部荷载比率

（a）各向同性 T_e 和断裂、地震、火山分布；（b）转折波长处的内部荷载比率 $F = f/(1 + f)$。灰色圆圈代表历史记录地震位置，来源于 USGS/NEIC（PDE）、NGDC 重大地震数据库；M 为地震等级

5.2　青藏高原东南缘 T_e 各向异性空间分布

各向异性反演中，岩石圈假定为各向异性正交薄弹性板模型[185]。采用各向异性的 Fan 小波相关法反演岩石圈力学强度的各向异性参数（T_{ex}，T_{ey}，β）。各向异性 Fan 小波的中心方位角参数设置为：$\Theta = 0° \sim 180°$，$\delta\Theta = 2°$，$\Delta\theta = 90°$。为了减少高波数相关度计算中的误差，在计算 T_e 各向异性时，小波自相关谱和互相关谱以大小为 $60\ \text{km} \times 60\ \text{km}$ 的网格进行平均[185]。T_e 各向异性的幅值由比值（$T_{emax} - T_{emin}$）$/T_{emax}$ 计算得到[185]。T_e 的弱轴方向如图 5 - 4 所示。为了直观对比在不同的地体和断裂处的 T_e 各向异性，本书选取 18 个点［点位置见图 5 - 4(b) 绿色五角星］的观测相关度和最佳预测相关度，如图 5 - 5 和图 5 - 6 所示。可以看到，实测相关度和理论相关度拟合非常好，表明利用 Fan 小波相关法和正交各向异性弹性板可以较好地估计 T_e 各向异性参数。

由图 5 - 4 可知，整个青藏高原东南缘存在明显的 E—W 和 WNW—ESE 方向的力学各向异性。各向异性值在腾冲火山和印度支那北部幅值最大，弱轴以

WNW—ESE 为主[图 5 - 4(a)，图 5 - 5(e)和(g)]，并且对应的 $T_e < 20$ km[图 5 - 3(b)]。在喜马拉雅东构造结北部、川滇地块中部、安宁河断裂以东和红河断裂以南，T_e 各向异性幅值非常小。本书研究结果与低分辨率 3° × 3° 的全球 T_e 各向异性图[11] 基本一致，但是细节更为丰富。值得注意的是有一些可能是由 T_e 变化和荷载各向异性等引入的虚假各向异性[245]。

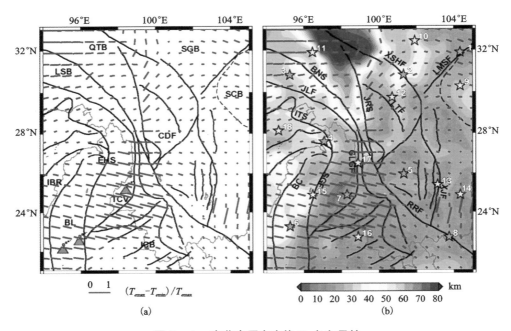

图 5 - 4　青藏高原东南缘 T_e 各向异性

(a) T_e 各向异性(蓝色棒)；(b) 各向同性 T_e 和各向异性 T_e

一些前人的研究(例如 Audet 和 Burgmann[11]、Bechtel[162]、Simons 和 van der Hilst[246])发现，T_e 弱轴方向与活动断裂存在关系。从图 5 - 4 可以发现，T_e 弱轴与一些主要构造走向趋势和断裂接近垂直(或呈大角度相交)，例如：印缅山脉、高黎贡断裂、实皆断裂、龙门山断裂和鲜水河断裂等。这表明在垂直断裂走向的方向上岩石圈力学强度更弱。但是，其他一些断裂却是成斜交关系，如分布于研究区东南部的班公湖 — 怒江缝合带、嘉黎断裂、小江断裂和红河断裂等，这可能归因于流变性和构造应力的不同。Lowry 和 Smith[82] 推断 T_e 各向异性主要取决于水平薄膜应力和岩石圈流变学强度的关系，而并非取决于断裂。一般地，在走滑构造环境中，最大水平应力总是斜交于走滑断裂。因此，我们认为 T_e 弱轴方向和断裂的关系可能与青藏高原东南缘的构造应力方向密切相关。

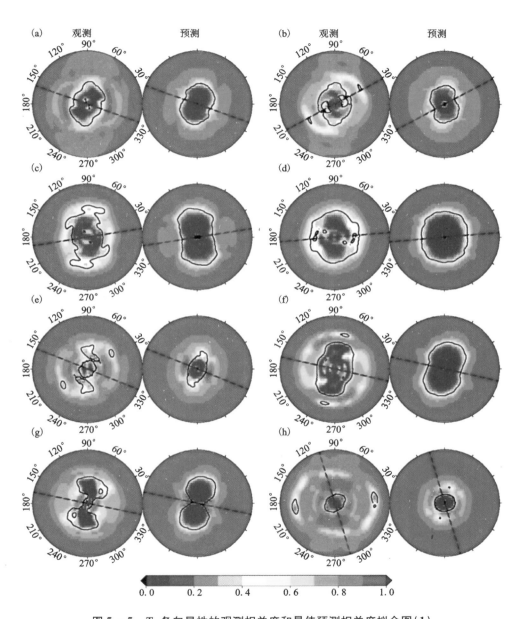

图 5 - 5　T_e 各向异性的观测相关度和最佳预测相关度拟合图（1）

点位置为图 5 - 4（b）中 1 ~ 8 号五角星。虚线为 T_e 各向异性的弱轴方向，实线为相关度等于 0.5

利用相关度分析反演的力学各向异性反映的是岩石圈挠曲均衡在方向上的变化[87]。T_e 各向异性受动力和结构因素的双重影响[11]。动力因素主要是与现今的

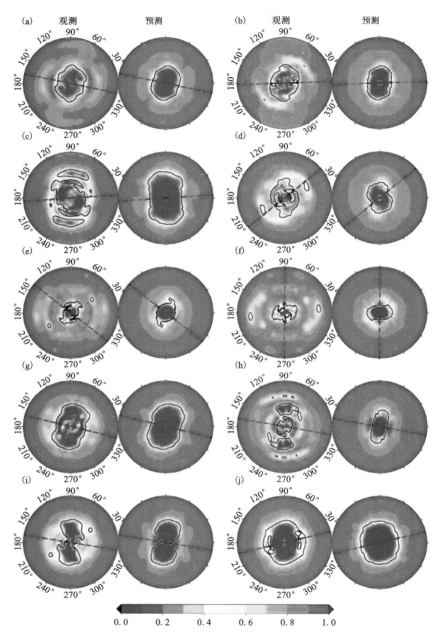

图 5 - 6 T_e 各向异性的观测相关度和最佳预测相关度拟合图(2)

点位置为图 5 - 4(b) 中 9 ~ 18 号五角星,其他同图 5 - 5

应力相关,例如板块内部构造应力的减弱作用[82]、岩石圈下部对流引起的板底牵引力[247]。结构影响主要与岩石圈演化应变有关[87]，例如面理、线理和晶体择优取向。可见，T_e 各向异性不仅反映了岩石圈现今的构造应力状态，同时也记录了在时间和深度上累积的岩石圈变形，通过与现今岩石圈应力和应变指示（例如构造应力、地震波各向异性、GPS 速度）对比，可以探讨岩石圈的构造受力分布及壳幔耦合状态。

5.3　T_e 各向异性和构造应力

岩石圈应力反映了岩石圈密度不均匀性（垂直压力梯度相关的正应力）和地幔对流以及板块运动相关的构造应力的联合作用[248]。Lowry 和 Smith[82] 发现在最大主应力方向上，最大挤压构造应力和拉张构造应力都能将 T_e 减弱约 50%，在薄膜应力完全破坏的情况下，甚至能减弱 90% 以上[249]，从而形成显著的 T_e 各向异性。在拉张应力环境中，一般 T_e 弱轴（ϕ_e）与最小水平挤压应力方向（也即构造应力方向）一致[82]。相反，在挤压环境中 ϕ_e 与最大水平挤压应力方向（ϕ_h）一致[185]。

图 5-7(a) 绘制了 T_e 的各向异性和现今世界应力图[250]（World Stress Map）。图中给出了拉张、挤压和走滑三种不同应力环境下的最大水平挤压应力（ϕ_h）。由图可知，T_e 值在青藏高原东南缘最大水平挤压应力方向变化剧烈。在研究区北部地区，ϕ_h 和 ϕ_e 基本平行或成低角度。但是在川滇地块的南部和印度支那北部，接近南北向的 ϕ_h 和大部分 ϕ_e 垂直。图 5-7(b) 中，我们绘制了 T_e 弱轴与绝对板块运动（APM）的方向。Lev 等[69] 认为绝对板块方向可能与地幔的剪切作用相关。在青藏高原东南缘，大部分 ϕ_e 和 APM 的 WNW—ESE 方向基本平行。

图 5-7(a) 显示，一些右行走滑断裂控制了金沙江缝合带和高黎贡断裂以西的区域，说明该区域主要以挤压变形为主。沿着实皆断裂、高黎贡断裂和嘉黎断裂，ϕ_e 与 ϕ_h 呈低角度相交，并且与 APM 方向一致［图 5-7(b)］。在东部沿着鲜水河—小江断裂和龙门山断裂，应力方向大部分为 NW—SE，ϕ_h 和 APM 均与 ϕ_e 一致。这个区域仍受印度—欧亚大陆板块汇聚的挤压作用控制，但是刚性的四川盆地抵挡了青藏高原向东和东南方向的挤出。因此，在这些区域 ϕ_h、ϕ_e 和 APM 的平行排列可能与现今地壳和地幔应力有关，如印度板块和欧亚板块向北东向汇聚的板块边界力和其下地幔流引起的基底剪切牵引力。

在研究区中部的川滇地块北部，ϕ_h 以 E—W 方向为主，在川滇地块南部转为 N—S，和 ϕ_e 接近垂直。往南，N—S 向的构造应力穿过红河断裂，一直延续到印度支那北部，ϕ_h 主要与 ϕ_e 和 APM 垂直，并且这里也是 T_e 最低值区［见图 5-4(b)］。地质学研究[22, 252] 发现：该区域年轻的裂谷盆地和活动正断层分布广泛，被认为

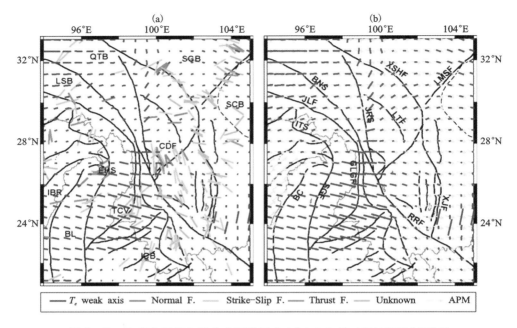

图 5 - 7 T_e 各向异性与最大水平挤压应力(ϕ_h)和绝对板块运动(APM)

绝对板块运动方向相对于 GSRMv1.2[251];ϕ_h 来源于世界应力图[250]和 Huang 等[255]。不同的应力
环境用不同颜色表示:红色 — 正断层,绿色 — 走滑断层,紫色 — 逆冲断层,橙色 — 不确定

正处于拉张和伸展中。前人研究[70, 253]认为喜马拉雅东构造结以东地区的伸展主轴是 N—S 方向,在云南地区旋转为近 E—W 向。在拉张伸展应力作用下,Lowry 和 Smith[82]指出 T_e 弱轴应该与最小水平挤压方向一致,也即 ϕ_e 垂直于 ϕ_h。因此,ϕ_e 和 ϕ_h 的垂直指示当前的伸展应力可能对 T_e 各向异性影响深远。均一的 T_e 弱轴方向进一步表明在云南地区拉张方向主要为 WNW—ESE。

5.4 T_e 各向异性和岩石圈应变

Simons 等[87]认为 T_e 各向异性记录了岩石圈应变累积,反映了岩石圈在时间和深度上累积的变形。在澳大利亚,T_e 各向异性被解释为古老岩石圈变形的化石应变场[87, 246]。与 T_e 各向异性类似,地震波各向异性也被公认为是记录大陆地幔应变的一个指标,这些应变主要由最新的大型构造活动形成[254]。因此,T_e 各向异性和地震波各向异性的关系可以用于识别可能的变形机制。前人研究[245, 246]表明:如果地震波各向异性主要是由岩石圈的化石应变造成的,那么在汇聚环境中

T_e 弱轴一般会垂直于地震波快波方向，在拉张环境中 T_e 弱轴会平行于快波方向。图 5 - 8 绘制了青藏高原东南缘的 T_e 弱轴方向和 SKS 分裂获得的地震波各向异性快波极化方向（ϕ_s）[69-72]。

在拉萨地块和羌塘地块中，ϕ_s 以 NW—SE 方向为主，平行于嘉黎断裂和班公湖—怒江缝合带的走向，往南在川滇地块北部地震波快轴旋转为 N—S 向，Sol 等[71]认为这主要反映了岩石圈的化石应变。它们也与 GPS 测量反映的近地表变形一致。GPS 测量 [图 5 - 8(b)] 显示：在该区域，地壳物质存在一个绕东喜马拉雅构造结的顺时针转动[61, 236]。这个一致性被解释为地壳和地幔的力学耦合和垂向连续变形[69-71]。在这里，ϕ_e 方向与 ϕ_s 方向以及主要断裂的走向成高角度，结合其与应力的关系，表明构造应力和岩石圈中的化石应变都对 T_e 各向异性有贡献，也暗示了岩石圈中的化石应变和现今的应力状态可能相关。

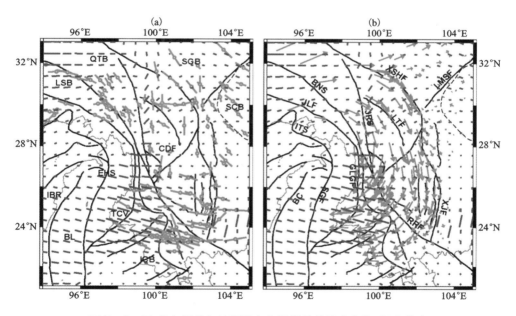

图 5 - 8　T_e 各向异性与地震波各向异性的快波方向和 GPS 速度

地震波各向异性来源于地震横波分裂研究[69-72, 255]（带圆圈的红色棒）GPS 速度为相对于华南陆块的速度[61]（红色箭头）。

在松潘甘孜地块东南部和龙门山造山带，ϕ_s 以 NW—SE 为主，和 ϕ_e 方向一致（见图 5 - 8）。图 5 - 7 和图 5 - 8 表明 ϕ_h、APM 和 ϕ_s 都与 ϕ_e 排列一致，但它们都与东北走向的龙门山逆冲带接近垂直。这种排列和加拿大的科迪勒拉山西北部的研究[156]一致。Audet 等[156]发现：如果重力结构主要反映了当前板块汇聚的岩石圈应力,且地幔流也平行于这种汇聚,那么 T_e 弱轴与最大挤压应力方向和剪应力导致的地震各向异性方向一致。在龙门山造山带,ϕ_s 沿着 APM 方向排列表明地震各向异性可能与上地幔的黏性流剪切引起的橄榄岩晶格优选方向一致[254]。由于青藏高原和扬子板块在青藏高原东南缘的 NW—SE 方向强汇聚,T_e 各向异性可能反映了当前地壳应力相关的应变场。

穿过川滇地块(约26°N),ϕ_s 展现出从 N—S 向 WNW—ESE 向的转变,并且穿过红河断裂延伸到更南方,这暗示了在云南地区地幔的最上部分变形方向接近 E—W 向[69]。Lev 等[69] 认为上地幔流是该处 SKS 各向异性最可能的来源。图 5 – 8 显示 T_e 的弱轴方向基本平行于 SKS 快波极化方向。此外,ϕ_e 和 ϕ_s 方向均与主要走滑断裂和 GPS 测量的近地表变形(接近 N—S 向)斜交,但是平行于 APM 方向。这表明地震波各向异性可能与地幔剪切相关,岩石圈的化石应变对 T_e 各向异性贡献非常小。广泛分布的新生代岩浆岩和裂谷盆地、显著的走滑断层表明这个区域处于张扭性构造环境[252, 256]。因此,大部分高幅值的 T_e 各向异性可能主要是由于现今显著的构造应力作用,而非岩石圈的化石应变引起的。特别是云南西部的腾冲火山地区,这种显著的构造应力可能导致了岩石圈有效弹性厚度在 WNW—ESE 方向上减弱75% ~ 95%[图 5 – 4,图 5 – 5(g)和图 5 – 6(i)]。

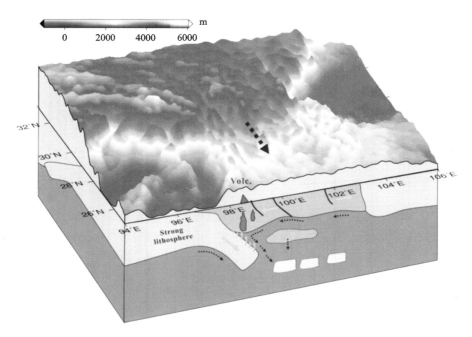

图 5 – 9　青藏高原东南缘相互作用和变形示意图

实线箭头表示岩石圈中力的方向;粗黑色虚线箭头表示地壳流方向,细虚线箭头代表岩石圈下地幔流方向

5.5　T_e 与岩石圈变形

　　前面已经讨论过在青藏高原东南缘 T_e 均非常低，这表明整个岩石圈都较弱，并且仅存的力学强度可能主要由脆性上地壳贡献。此外，低 T_e 值和均一的 T_e 各向异性不仅存在于主要断裂中，而且也出现在地体内部，如图 5-4(b) 所示。一般变形容易集中在力学强度弱的地区。但是地质和 GPS 结果表明青藏高原东南缘经历较少甚至无明显大尺度的地壳缩短[48]。这表明变形可能连续分布于岩石圈内部，例如前人研究提出的地壳流模型[14, 99, 257]，这种解释也与其他一些地球物理观测的结果一致[52, 64, 65, 67, 240]。

　　这种力学结构的形成可能是由于印度 — 欧亚大陆汇聚过程中的造山热[4] 和异常厚地壳的影响[258, 259]。特别是俯冲到青藏高原东南缘下方的古老的板块的脱水作用和浅部软流圈对流[4]，能够减弱岩石圈根或使之拆沉，从而减弱其力学强度[4, 172]。另一方面，由于持续的构造应力作用，岩石圈在应力方向上变弱，从而形成了显著的力学各向异性。结合板块边界力和重力位能[70]，弱的下地壳物质能快速从海拔高的青藏高原中部沿着高度各向异性的东南边界流动到更弱的云南地区。

　　力学各向异性、地壳应力和地震各向异性的一致性为分析当前板内应力场和大尺度岩石圈变形样式提供了信息和约束。在青藏高原东南缘的北部地区(包括拉萨地体东南部、羌塘地块和松潘甘孜地体南部、川滇地块北部)，岩石圈保存的应变与当前构造应力相关。大部分地区受印度 — 欧亚板块汇聚和东部刚性的四川盆地阻挡，以挤压变形为主(图 5-9)。但是，在高原以南的云南和印度支那北部，T_e 各向异性反映了一个 WNW—ESE 方向的拉张或扭张应力场。如图 5-9 所示，当前应力的突然转变可能是高原东南部的碰撞后挤压构造作用与高原以南的云南地区由于缅甸微板块俯冲引起的弧后拉张所造成的结果。

第 6 章　结论和展望

　　本书详细介绍了基于挠曲均衡理论的岩石圈有效弹性厚度反演原理和研究方法。系统分析了弹性板模型的均衡响应函数、挠曲变形解算和基于地形和重力异常的谱相关法、谱导纳法和 Fan 小波谱分析技术等。利用高精度的重力和地形数据，采用 Fan 小波谱相关法开展了模型实验和喜马拉雅—青藏高原构造带的高精度岩石圈 T_e 的研究。采用二维各向异性岩石圈模型，开展了青藏高原东南缘的岩石圈 T_e 及其各向异性研究。结合地质、大地测量和地球物理研究成果，深入讨论了青藏高原—喜马拉雅构造带的 T_e 横向分布特征，探讨了岩石圈深部结构和变形与 T_e 分布的关系，分析了 T_e 横向变化的成因及其对青藏高原—喜马拉雅构造带深部结构和岩石圈变形的启示，得到的新认识如下：

　　（1）采用 Fan 小波相关法进行模型实验和实际数据反演表明，利用低中心波数反演的 T_e 高值异常相对集中且幅值较高，空间分辨率较高；而高中心波数反演的 T_e 平滑且高 T_e 值被压制低估。由此表明大的小波中心波数（大于 5）对于大且均一的构造单元能反演出相对精确的 T_e；而对于小尺度的 T_e 结构或者需要估计较为精确的 T_e 差值时，采用小的中心波数的 Fan 小波进行反演可能更为有效。

　　（2）对青藏高原—喜马拉雅造山带的岩石圈力学强度和结构研究表明：Fan 小波不同中心波数 $|\boldsymbol{k}_0|$ 反演的青藏高原—喜马拉雅造山带 T_e 空间展布趋势基本一致：连续的高 T_e 值分布在克拉通地区，例如印度地盾和塔里木盆地；而低 T_e 值主要分布在青藏高原和中国西南大部分地区。

　　（3）对比研究发现：不同 $|\boldsymbol{k}_0|$ 小波反演的 T_e 值在青藏高原南部存在明显差异，暗示了青藏高原南部地壳强度低，而岩石圈上地幔强度高。青藏高原南部地壳内广泛存在的部分熔融和相伴随的力学解耦可能是小尺度的低 T_e（低 $|\boldsymbol{k}_0|$ 小波）产生的主要原因，同时也是青藏高原南部弱地壳的显示；而高 $|\boldsymbol{k}_0|$ 小波获得的大尺度高 T_e 结构则是与俯冲的刚性印度岩石圈有关的强岩石圈地幔的显示。

　　（4）在青藏高原中部和北部，T_e 值均较低，指示了大部分青藏高原中部和北部地区具有弱地壳和弱地幔，特别是以力学强度弱为特征的东昆仑、阿尔金山和祁连山可能是容纳印度—欧亚大陆汇聚变形的主要地区。

　　（5）结合青藏高原—喜马拉雅构造带 T_e 的横向变化和地震研究成果表明：青藏高原南部和北部的 T_e 差异指示了岩石圈结构的变化，为解释高强度印度板块向亚洲大陆俯冲的北部边界提供了依据。基于 T_e 的空间变化提出了高强度印度板块向青藏高原俯冲的北部边界模型：在青藏高原西部地区（70°E 至 80°E），印度板块向亚洲大陆的俯冲可能到达了兴都库什山脉和塔里木盆地的西南边界；中部（80°E 至 87°E）俯冲边界沿着班公湖—怒江缝合带分布；往东在 87°E 和 93°E 之间，印度板块的俯冲往南移到了雅鲁藏布江缝合带；在东部，这个边界到达羌塘地体和松潘甘孜地体东部。

（6）在 87°E 至 93°E，T_e 描绘的俯冲北部边界沿雅鲁藏布江缝合带分布，而不是在班公湖—怒江缝合带附近，T_e 数据结合地幔成像成果，支持局部俯冲的印度地幔岩石圈拆沉模型。

（7）采用二维各向异性 Fan 小波谱相关法研究了青藏高原东南缘的岩石圈 T_e 及其各向异性的空间特征。初步研究显示，青藏高原东南缘岩石圈综合力学强度低且具有显著的力学各向异性，表明该地区岩石圈变形符合地壳流变形模式。

（8）通过与现今构造应力和应变对比，发现青藏高原东南缘的 T_e 各向异性主要受现今的构造应力控制。T_e 各向异性对比研究表明：由于受到印度板块的俯冲和刚性的四川盆地的阻挡，青藏高原东南部处在强烈的挤压环境中，且岩石圈化石应变场与现今构造应力相关；而低岩石圈强度的云南和印度支那北部地区，由于受到缅甸板块向中国西南地区俯冲的影响，处于拉张环境，T_e 各向异性指示了 WNW—ESE 的拉张应力方向。推断了两个地区存在不同地球动力学机制：即青藏高原东南部的碰撞后挤压构造作用到青藏高原以南的云南地区由于缅甸微板块俯冲引起的弧后拉张的转变。

尽管本书对青藏高原—喜马拉雅构造带的岩石圈力学强度进行了较为详细的研究，然而由于青藏高原—喜马拉雅构造带地质构造及岩石圈外部动力作用的复杂性和多样性，仍有大量的研究工作需要今后进一步探讨，主要包括以下几个方面：① 岩石圈有效弹性厚度的反演方法仍有待进一步研究，例如谱相关法和流变学法等多方法相结合的反演方法；② 仍需对谱方法进行大量的模型实验，进一步定量分析该方法中参数的选取对反演结果的影响程度，并运用于实际反演结果的校正；③ 需进一步定量分析喜马拉雅—青藏高原 T_e 横向变化与岩石圈结构构造和流变性质之间的潜在关系。

此外，为了更合理地解释反演结果，对反演参数的不确定度以及参数间的相互关系进行定量分析对后期动力学解释至关重要。但是，目前鲜有研究开展 T_e 的不确定度和参数相关度的分析。这是由于传统反演方法仅能求得单点最佳估计，难以对反演 T_e 的可靠度及参数间相关度（例如，T_e 与初始荷载比率的相关度）进行量化研究。因此，需要寻求新的途径来反演估计真实可靠的模型参数（包括 T_e、初始荷载比率和荷载相关度），并开展反演结果的统计分析和评价反演结果的有效性。本书的后续工作包括：① 考虑荷载相关度和荷载比率的高效 T_e 正演算法研究；② 基于贝叶斯理论的岩石圈有效弹性厚度反演研究；③ 反演结果的不确定度和相关度分析。

附录1 挠曲差分系数推导

为了求解本书第 2 章式(2 − 24)对应的有限差分挠曲解, 对式(2 − 24)的第一式采用的拉普拉斯算子(见图 2 − 5)差分近似, 得

$$\nabla(D\,\nabla v) \approx (D\,\nabla v)_{i-1,j} + (D\,\nabla v)_{i,j-1} - 4(D\,\nabla v)_{i,j} + (D\,\nabla v)_{i,j+1} + (D\,\nabla v)_{i+1,j}$$

$$= \frac{1}{\mathrm{d}y^2}D_{i-1,j}(\nabla v)_{i-1,j} + \frac{1}{\mathrm{d}x^2}D_{i,j-1}(\nabla v)_{i,j-1} - 2\left(\frac{1}{\mathrm{d}x^2} + \frac{1}{\mathrm{d}y^2}\right)D_{i,j}(\nabla v)_{i,j}$$

$$+ \frac{1}{\mathrm{d}x^2}D_{i,j+1}(\nabla v)_{i,j+1} + \frac{1}{\mathrm{d}y^2}D_{i+1,j}(\nabla v)_{i+1,j}$$

$$= A(\nabla v)_{i-1,j} + B(\nabla v)_{i,j-1} + C(\nabla v)_{i,j} + D(\nabla v)_{i,j+1} + E(\nabla v)_{i+1,j}$$

其中,

$$A = \frac{1}{\mathrm{d}y^2}D_{i-1,j}$$

$$B = \frac{1}{\mathrm{d}x^2}D_{i,j-1}$$

$$C = -2\left(\frac{1}{\mathrm{d}x^2} + \frac{1}{\mathrm{d}y^2}\right)D_{i,j}$$

$$D = \frac{1}{\mathrm{d}x^2}D_{i,j+1}$$

$$E = \frac{1}{\mathrm{d}y^2}D_{i+1,j}$$

对式(2 − 24)的第二项的差分展开为

$$-(1 - \sigma)\left\{\frac{\partial^2 D}{\partial x^2}\frac{\partial^2 v}{\partial y^2} - 2\frac{\partial^2 D}{\partial x\partial y}\frac{\partial^2 v}{\partial x\partial y} + \frac{\partial^2 D}{\partial y^2}\frac{\partial^2 v}{\partial x^2}\right\}$$

$$= -(1 - \sigma)\frac{\partial^2 D}{\partial x^2}\frac{\partial^2 v}{\partial y^2} + 2(1 - \sigma)\frac{\partial^2 D}{\partial x\partial y}\frac{\partial^2 v}{\partial x\partial y} - (1 - \sigma)\frac{\partial^2 D}{\partial y^2}\frac{\partial^2 v}{\partial x^2}$$

$$\approx F\frac{\partial^2 v}{\partial y^2} + G\frac{\partial^2 v}{\partial x\partial y} + H\frac{\partial^2 v}{\partial x^2}$$

其中

$$F = -(1-\sigma)\frac{\partial^2 D}{\partial x^2} = -(1-\sigma)\frac{1}{dx^2}(D_{i,j-1} - 2D_{i,j} + D_{i,j+1})$$

$$G = 2(1-\sigma)\frac{\partial^2 D}{\partial x \partial y} = \frac{2(1-\sigma)}{4}\frac{1}{dx dy}(D_{i-1,j-1} - D_{i-1,j+1} - D_{i+1,j-1} + D_{i+1,j+1})$$

$$H = -(1-\sigma)\frac{\partial^2 D}{\partial y^2} = -(1-\sigma)\frac{1}{dy^2}(D_{i-1,j} - 2D_{i,j} + D_{i+1,j})$$

式(2-24)第三项为 $(\rho_m - \rho_f)g v_{i,j}$。

利用图 2-4 所示的中心差分平面网格,对以上三式展开与合并,得挠曲 v 对应的差分系数如下:

$v_{i-2,j}$: $\dfrac{1}{dy^4}D_{i-1,j}$

$v_{i-1,j-1}$: $\dfrac{1}{dx^2 dy^2}\Big[D_{i-1,j} + D_{i,j-1} + \dfrac{1-\sigma}{8}(D_{i-1,j-1} - D_{i-1,j+1} - D_{i+1,j-1} + D_{i+1,j+1})\Big]$

$v_{i-1,j}$: $-2\Big(\dfrac{1}{dx^2} + \dfrac{1}{dy^2}\Big)\dfrac{1}{dy^2}D_{i-1,j} - \dfrac{2}{dy^2}\Big(\dfrac{1}{dx^2} + \dfrac{1}{dy^2}\Big)D_{i,j} - \dfrac{(1-\sigma)}{dx^2 dy^2}(D_{i,j-1} - 2D_{i,j} + D_{i,j+1})$

$= -2\Big(\dfrac{1}{dx^2 dy^2} + \dfrac{1}{dy^4}\Big)D_{i-1,j} - 2\Big(\dfrac{1}{dy^4} + \dfrac{\sigma}{dx^2 dy^2}\Big)D_{i,j} - \dfrac{(1-\sigma)}{dx^2 dy^2}(D_{i,j-1} + D_{i,j+1})$

$v_{i-1,j+1}$: $\dfrac{1}{dx^2 dy^2}\Big[D_{i-1,j} + D_{i,j+1} - \dfrac{1-\sigma}{8}(D_{i-1,j-1} - D_{i-1,j+1} - D_{i+1,j-1} + D_{i+1,j+1})\Big]$

$v_{i,j-2}$: $\dfrac{1}{dx^4}D_{i,j-1}$

$v_{i,j-1}$: $-2\Big(\dfrac{1}{dx^2} + \dfrac{1}{dy^2}\Big)\dfrac{1}{dx^2}D_{i,j-1} - \dfrac{2}{dx^2}\Big(\dfrac{1}{dx^2} + \dfrac{1}{dy^2}\Big)D_{i,j} - \dfrac{(1-\sigma)}{dx^2 dy^2}(D_{i-1,j} - 2D_{i,j} + D_{i+1,j})$

$= -2\Big(\dfrac{1}{dx^4} + \dfrac{1}{dx^2 dy^2}\Big)D_{i,j-1} - 2\Big(\dfrac{1}{dx^4} + \dfrac{v}{dx^2 dy^2}\Big)D_{i,j} - \dfrac{(1-\sigma)}{dx^2 dy^2}(D_{i-1,j} + D_{i+1,j})$

$v_{i,j}$: $\dfrac{1}{dy^4}D_{i-1,j} + \dfrac{1}{dx^4}D_{i,j-1} + 4\Big(\dfrac{1}{dx^2} + \dfrac{1}{dy^2}\Big)\Big(\dfrac{1}{dx^2} + \dfrac{1}{dy^2}\Big)D_{i,j} + \dfrac{1}{dx^4}D_{i,j+1}$

$+ \dfrac{1}{dy^4}D_{i+1,j} + \dfrac{2(1-\sigma)}{dx^2 dy^2}(D_{i,j-1} - 2D_{i,j} + D_{i,j+1})$

$- \dfrac{2(1-\sigma)}{dx^2 dy^2}(D_{i-1,j} - 2D_{i,j} + D_{i+1,j}) + (\rho_m - \rho_f)g$

$= \dfrac{1}{dy^4}(D_{i-1,j} + D_{i+1,j}) + \dfrac{1}{dx^4}(D_{i,j-1} + D_{i,j+1}) + 4\Big(\dfrac{1}{dx^4} + \dfrac{1}{dy^4} + \dfrac{2\sigma}{dx^2 dy^2}\Big)D_{i,j}$

$+ \dfrac{2(1-\sigma)}{dx^2 dy^2}(D_{i,j-1} + D_{i,j+1} + D_{i-1,j} + D_{i+1,j}) + (\rho_m - \rho_f)g$

$v_{i,j+1}$: $-2\Big(\dfrac{1}{dx^4} + \dfrac{\sigma}{dx^2 dy^2}\Big)D_{i,j} - 2\Big(\dfrac{1}{dx^4} + \dfrac{1}{dx^2 dy^2}\Big)D_{i,j+1} - \dfrac{(1-\sigma)}{dx^2 dy^2}(D_{i-1,j} + D_{i+1,j})$

$v_{i,j+2}$: $\dfrac{1}{dx^4}D_{i,j+1}$

$$v_{i+1,j-1}: \frac{1}{\mathrm{d}x^2\mathrm{d}y^2}\left[D_{i,j-1} + D_{i+1,j} - \frac{(1-\sigma)}{8}(D_{i-1,j-1} - D_{i-1,j+1} - D_{i+1,j-1} + D_{i+1,j+1})\right]$$

$$v_{i+1,j}: -2\left(\frac{1}{\mathrm{d}y^4} + \frac{\sigma}{\mathrm{d}x^2\mathrm{d}y^2}\right)D_{i,j} - 2\left(\frac{1}{\mathrm{d}x^2\mathrm{d}y^2} + \frac{1}{\mathrm{d}y^4}\right)D_{i+1,j} - \frac{(1-\sigma)}{\mathrm{d}x^2\mathrm{d}y^2}(D_{i,j-1} + D_{i,j+1})$$

$$v_{i+1,j+1}: \frac{1}{\mathrm{d}x^2\mathrm{d}y^2}\left[D_{i,j+1} + D_{i+1,j} + \frac{(1-\sigma)}{8}(D_{i-1,j-1} - D_{i-1,j+1} - D_{i+1,j-1} + D_{i+1,j+1})\right]$$

$$v_{i+2,j}: \frac{1}{\mathrm{d}y^4}D_{i+1,j}$$

附录 2   多层密度界面反演公式

对于岩石圈存在多层密度界面的情况，当其中一层有加载时，一般假设其他层的变形量是相等的。

1. 地表加载 H_i，除地表加载层，各层的变形量都相等，为 W_T：

$$W_T = \frac{-(\rho_0 - \rho_f)}{Dk^4/g + (\rho_m - \rho_f)} H_i$$

地表最终的分量 H_T 为：

$$H_T = \frac{(\rho_m - \rho_0) + Dk^4/g}{Dk^4/g + (\rho_m - \rho_f)} H_i$$

2. 地下深度为 z_l，密度差为 $\Delta\rho_l$ 的界面加载 W_i，除加载层，其他各层的地形分量都相等，为 H_B：

$$H_B = \frac{-\Delta\rho_l}{Dk^4/g + (\rho_m - \rho_f)} W_i$$

加载密度界面最终的地形 W_B 分量为：

$$W_B = W_i + H_B = \left(1 - \frac{\Delta\rho_l}{Dk^4/g + (\rho_m - \rho_f)}\right) W_i$$

$$= \frac{(\rho_m - \rho_f) - \Delta\rho_l + Dk^4/g}{Dk^4/g + (\rho_m - \rho_f)} W_i$$

地表荷载和地下荷载共同作用下，地表最终地形 H 为

$$H = H_T + H_B$$

$$= \frac{(\rho_m - \rho_0) + Dk^4/g}{Dk^4/g + (\rho_m - \rho_f)} H_i - \frac{\Delta\rho_l}{Dk^4/g + (\rho_m - \rho_f)} W_i \tag{A1}$$

3. 地下界面深度 z，密度差起伏 $\Delta\rho$，起伏 $W(k)$ 产生的布格重力异常 $B(k)$ 为：

$$B(k) = 2\pi G \Delta\rho \exp(-kz) W(k)$$

由地表荷载 H_i 产生的地下 n 层的变形量 W_T，其布格重力异常 $B_T(k)$ 为：

$$B_T(k) = 2\pi G \sum_{i=1}^{n} \Delta\rho_i \exp(-kz_i) W_T$$

$$= 2\pi G \sum_{i=1}^{n} \Delta\rho_i \exp(-kz_i) \frac{-(\rho_0 - \rho_f)}{Dk^4/g + (\rho_m - \rho_f)} H_i$$

$$= - \frac{2\pi G(\rho_0 - \rho_f) \sum_{i=1}^{n} \Delta\rho_i \exp(-kz_i)}{Dk^4/g + (\rho_m - \rho_f)} H_i$$

4. 由地下深度为 z_l、密度差为 $\Delta\rho_l$ 的界面加载 W_i，产生的布格重力异常 $B_B(k)$ 为：地下各变形层起伏产生的布格重力异常 B_1，加上第 l 层加载层最终地形产生的布格重力异常 B_2，即

$$B_1 = 2\pi G \sum_{i=1, i\neq l}^{n} \Delta\rho_i \exp(-kz_i) H_B$$

$$= 2\pi G \sum_{i=1, i\neq l}^{n} \Delta\rho_i \exp(-kz_i) \frac{-\Delta\rho_l}{Dk^4/g + (\rho_m - \rho_f)} W_i$$

$$= \frac{-2\pi G\Delta\rho_l \sum_{i=1, i\neq l}^{n} \Delta\rho_i \exp(-kz_i)}{Dk^4/g + (\rho_m - \rho_f)} W_i$$

$$B_2 = 2\pi G\Delta\rho_l \exp(-kz_l) W_B$$

$$= 2\pi G\Delta\rho_l \exp(-kz_l) \left(1 - \frac{\Delta\rho_l}{Dk^4/g + (\rho_m - \rho_f)} \right) W_i$$

$$= 2\pi G\Delta\rho_l \left(\exp(-kz_l) - \frac{\Delta\rho_l \exp(-kz_l)}{Dk^4/g + (\rho_m - \rho_f) W_i} \right)$$

$$B_B(k) = B_1(k) + B_2(k)$$

$$= 2\pi G\Delta\rho_l \left(\exp(-kz_l) - \frac{\sum_{i=1}^{n} \Delta\rho_i \exp(-kz_i)}{Dk^4/g + (\rho_m - \rho_f)} \right) W_i$$

最终布格重力异常为：

$$B(k) = B_T(k) + B_B(k)$$

$$= - \frac{2\pi G(\rho_0 - \rho_f) \sum_{i=1}^{n} \Delta\rho_i \exp(-kz_i)}{Dk^4/g + (\rho_m - \rho_f)} H_i$$

$$+ 2\pi G\Delta\rho_l \left(\exp(-kz_l) - \frac{\sum_{i=1}^{n} \Delta\rho_i \exp(-kz_i)}{Dk^4/g + (\rho_m - \rho_f)} \right) W_i \quad (\text{A2})$$

联合(A1)和(A2)，可建立如下方程，求解初始荷载：

$$\boldsymbol{\Omega} \begin{bmatrix} H_i \\ W_i \end{bmatrix} = \begin{bmatrix} H \\ B/2\pi G\exp(-kz_l) \end{bmatrix}$$

其中系数为 $\boldsymbol{\Omega} = \begin{bmatrix} aa & ab \\ ac & ad \end{bmatrix}$

$$aa = \frac{(\rho_m - \rho_0) + Dk^4/g}{Dk^4/g + (\rho_m - \rho_f)}$$

$$ab = \frac{-\Delta\rho_l}{Dk^4/g + (\rho_m - \rho_f)}$$

$$ac = \left[\frac{-(\rho_0 - \rho_f) \sum_{i=1}^{n} \Delta\rho_i \exp(-kz_i)}{Dk^4/g + (\rho_m - \rho_f)} \exp(kz_l) \right]$$

$$ad = \left[\Delta\rho_l - \Delta\rho_l \frac{\sum_{i=1}^{n} \Delta\rho_i \exp(-kz_i)}{Dk^4/g + (\rho_m - \rho_f)} \exp(kz_l) \right]$$

参考文献

［1］许志琴, 杨经绥, 嵇少丞, 等. 中国大陆构造及动力学若干问题的认识［J］. 地质学报, 2010, 84(1): 1 – 29.

［2］Burov E B, Diament M. The effective elastic thickness (Te) of continental lithosphere: What does it really mean? ［J］. J. Geophys. Res., 1995, 100 (B3): 3905 – 3927.

［3］Watts A B, Burov E. Lithospheric strength and its relationship to the elastic and seismogenic layer thickness ［J］. Earth Planet. Sci. Lett., 2003, 213: 113 – 131.

［4］Hyndman R D, Currie C A, Mazzotti, S. P. Subduction zone backarcs, mobile belts, and orogenic heat ［J］. GSA Today, 2005, 15: 4 – 10.

［5］Watts A B, An analysis of isostasy in the world's oceans, 1, Hawaiian-Emperor seamount chain ［J］. J. Geophys. Res., 1978, 83: 5989 – 6004.

［6］Watts A B, Isostasy and Flexure of the Lithosphere ［M］. London: Cambridge Univ. Press, 2001, 472pp.

［7］Banks R J, Parker R L, Huestis S P. Isostatic compensation on a continental scale: local versus regional mechanisms ［J］. Geophys. J. R. astr. Soc., 1977, 51: 431 – 452.

［8］Zuber M T, Bechtel T D, Forsyth D W. Effective elastic thicknesses of the lithosphere and mechanisms of isostatic compensation in Australia ［J］. J. Geophys. Res., 1989, 94(7): 9353 – 9367.

［9］Bechtel T D, Forsyth D W, Sharpton V L, et al. Variations in effective elastic thickness of the North American lithosphere ［J］. Nature, 1990, 343: 636 – 638.

［10］Pérez-Gussinyé M, Watts A B. The long-term strength of Europe and its implications for plate-forming processes ［J］. Nature, 2005, 436: 381 – 384.

［11］Audet P, Bürgmann R. Dominant role of tectonic inheritance in supercontinent cycles ［J］. Nat. Geosci., 2011, 4: 184 – 187.

［12］Mouthereau F, Watts A B, Burov, E. Structure of orogenic belts controlled by lithospheric age ［J］. Nat. Geosci., 2013(6): 785 – 789.

［13］Yin A, Harrison T M. Geologic evolution of the Himalayan-Tibetan orogen ［J］. Annu. Rev. Earth Planet. Sci., 2000, 28(1): 211 – 280, doi: 10.1146/annurev. earth. 28.1.211.

［14］Royden L H, Burchfiel B C, van der Hilst, R. D. The geological evolution of the Tibetan Plateau ［J］. Science, 2008, 321(5892): 1054 – 1058, doi: 10.1126/science.1155371.

［15］Lyon-Caen H, Molnar P. Constraints on the structure of the Himalaya from an analysis of gravity anomalies and a flexural model of the lithosphere ［J］. J. Geophys. Res., 1983, 88(B10): 8171 – 8191, doi: 10.1029/JB088iB10p08171.

［16］Lyon-Caen H, Molnar P. Gravity anomalies, flexure of the Indian plate, and the structure,

support and evolution of the Himalaya and Ganga Basin [J]. Tectonics, 1985, 4(6): 513 –
538.

[17]Beaumont C, Jamieson R A, Nguyen, M H, et al. Himalayan tectonics explained by extrusion
of a low-viscosity crustal channel coupled to focused surface denudation. Nature, 2001,
414(6865): 738 – 742, doi: 10.1038/414738a.

[18]Cook K L, Royden L H. The role of crustal strength variations in shaping orogenic plateaus,
with application to Tibet [J]. J. Geophys. Res., 2008, 113, B08407, doi:
10.1029/2007JB005457.

[19]Kirby J F, Swain C J. Improving the spatial resolution of effective elastic thickness estimation
with the fan wavelet transform [J]. Computers & Geosciences, 2011, 37: 1345 – 1354.

[20]Powell C M, Conaghan P J. Plate tectonics and the Himalayas [J]. Earth Planet. Sci. Lett.,
1973, 20(1): 1 – 12.

[21]Molnar P, Tapponnier P. Cenozoic tectonics of Asia: effects of a continental collision [J].
Science, 1975, 189(4201): 419 – 426.

[22]Tapponnier P, Xu Z, Roger F, et al. Oblique step-wise growth of the Tibetan Plateau [J].
Science, 2001, 294: 1671 – 1677.

[23]许志琴，杨经绥，李海兵，等. 印度 — 亚洲碰撞大地构造[J]. 地质学报, 2011,
85(1): 1 –33.

[24]赵文津. 地质力学、深部地质、科学钻探三项工程揭开了中国地学史上研究的新篇章
—— 庆祝中国地质科学院成立50周年[J]. 地球学报, 2006, 27(5): 385 – 392.

[25]Hirn A, Nercessian A, Sapin M, et al. Lhasa block and bordering sutures—a continuation of
a 500 – km Moho traversethrough Tibet [J]. Nature, 1984, 307: 25 – 27.

[26]亚东 — 格尔木地学断面项目组. 青藏高原亚东—格尔木地学断面研究论文集[M]. 中国
地质科学院院报(21), 1990, 北京：地质出版社.

[27]格尔木 — 额济纳旗地学断面组. 格尔木—额济纳旗地学断面研究文集[M]. 地球物理学
报, 1995, 38(增刊).

[28]高锐，李廷栋，吴功建. 青藏高原岩石圈演化与地球动力学过程—— 亚东—格尔木—额
济纳旗地学断面的启示[J]. 地质论评, 1998, 44(4): 389 – 395.

[29]Owens T J, Randall G E, Wu F T, et al. PASSCAL instrument performance during the Tibetan
Plateau passive seismic experiment [J]. Bull. Seismol. Soc. Am., 1993, 83(6): 1959
– 1970.

[30]Kosarev G, Kind R, Sobolev S V, et al. Seismic evidence for a detached Indian lithospheric
mantle beneath Tibet [J]. Science, 1999, 283(5406): 1306 – 1309.

[31]姜枚，吕庆田，薛光琦. 中、法两国联合进行青藏高原天然地震探测地壳结构的研究[J].
地球物理学报, 1994, 37(3): 412 – 413.

[32]Hirn A, Jiang M, Sapin M, et al. Seismic anisotropy as an indicator of mantle flow beneath
the Himalayas and Tibet [J]. Nature, 1995, 375(6532): 571 – 574.

[33]Wittlinger G, Masson F, Poupinet G, et al. Seismic tomography of northern Tibet and
Kunlun: Evidence for crustal blocks and mantle velocity contrasts [J]. Earth Planet. Sci.
Lett., 1996, 139(1): 263 – 279.

［34］许志琴，杨经绥，姜枚. 青藏高原北部的碰撞造山及深部动力学 —— 中法地学合作研究新进展［J］. 地球学报，2001，22（1）：5 － 10.

［35］Zhao W, Nelson K D, Che J, et al. Deep seismic reflection evidence for continental underthrusting beneath southern Tibet［J］. Nature, 1993, 366(6455): 557 － 559.

［36］Nelson K D, Zhao W, Brown L D, et al. Partially molten middle crust beneath southern Tibet: synthesis of project INDEPTH results［J］. Science, 1996, 274(5293): 1684 － 1688.

［37］Kind R, Yuan X, Saul J, et al. Seismic images of crust and upper mantle beneath Tibet: evidence for Eurasian plate subduction［J］. Science, 2002, 298(5596): 1219 － 1221, doi: 10. 1126/science. 1078115.

［38］Tilmann F, Ni J. Seismic imaging of the downwelling Indian lithosphere beneath central Tibet［J］. Science, 2003, 300(5624): 1424 － 1427, doi: 10. 1126/science. 1082777.

［39］Kumar P, Yuan X, Kind R, et al. Imaging the colliding Indian and Asian lithospheric plates beneath Tibet［J］. J. Geophys. Res. , 2006, 111, B06308, doi: 10. 1029/2005JB003930.

［40］Zhao W, Kumar P, Mechie J, et al. Tibetan plate overriding the Asian plate in central and northern Tibet［J］. Nat. Geosci. , 2011, 4(12): 870 － 873, doi: 10. 1038/ngeo1309.

［41］Nábělek J, Hetényi G, Vergne J, et al. Underplating in the Himalaya-Tibet collision zone revealed by the Hi-CLIMB experiment［J］. Science, 2009, 325(5946): 1371 － 1374.

［42］董树文，李廷栋，陈宣华，等. 我国深部探测技术与实验研究进展综述［J］. 地球物理学报，2012，55（12）：3884 － 3901.

［43］Argand E. La tectonique de l' Asie. Proc. 13th Int. Geol. Congr. , 1924(7): 171 － 372.

［44］Owens T J, Zandt G. Implications of crustal property variations for models of Tibetan plateau evolution［J］. Nature, 1997, 387(6628): 37 － 43, doi: 10. 1038/387037a0.

［45］Beghoul N, Barazangi M, Isacks, B. L. Lithospheric structure of Tibet and western North America: Mechanisms of uplift and a comparative study［J］. J. Geophys. Res. , 1993, 98(B2): 1997 － 2016.

［46］Coward M P, Butler R W H. Thrust tectonics and the deep structure of the Pakistan Himalaya［J］. Geology, 1985, 13(6): 417 － 420.

［47］Molnar P, England P, Martinod J. Mantle dynamics, uplift of the Tibetan Plateau, and the Indian monsoon［J］. Rev. Geophys. 31(4), 1993: 357 － 396, doi: 10. 1029/93RG02030.

［48］Royden L H, Burchfiel B C, King R W, et al. Surface deformation and lower crustal flow in eastern Tibet［J］. Science, 1997, 276(5313): 788 － 790.

［49］McNamara D E, Owens T J, Silver P G, et al. Shear wave anisotropy beneath the Tibetan Plateau［J］. J. Geophys. Res. , 1994, 99: 13655 － 13665.

［50］McNamara D E, Owens T J, Walter W R. Observations of regional phase propagation across the Tibetan Plateau［J］. J. Geophys. Res. , 1995, 100(B11): 22215 － 22229, doi: 10. 1029/95JB01863.

［51］Huang J, Zhao D. High-resolution mantle tomography of China and surrounding regions［J］. J. Geophys. Res. , 2006, 111 (B9), B09305, doi: 10. 1029/2005JB004066.

［52］Li C, van der Hilst R D, Meltzer A S, et al. The subduction of Indian lithosphere beneath the Tibetan plateau and Burma［J］. Earth Planet. Sci. Lett. , 2008, 274: 157 － 168, doi:

10. 1016/j. epsl. 2008. 07. 016.

[53]Li C, van der Hilst R D. Structure of the upper mantle and transition zone beneath Southeast Asia from traveltime tomography [J]. J. Geophys. Res., 2010, 115, B07308, doi: 10. 1029/2009JB006882.

[54]Negredo A M, Replumaz A, Villaseñor A, Guillot S, 2007. Modeling the evolution of continental subduction processes in the Pamir-Hindu Kush region [J]. Earth Planet. Sci. Lett., 259(1): 212 – 225, doi: 10. 1016/j. epsl. 2007. 04. 043.

[55]Zhao D. Seismic images under 60 hotspots: search for mantle plumes [J]. Gondwana Research, 2007, 12(4): 335 – 355.

[56]Oreshin S, Kiselev S, Vinnik L, et al. Crust and mantle beneath western Himalaya, Ladakh and western Tibet from integrated seismic data [J]. Earth Planet. Sci. Lett., 2008, 271(1): 75 – 87.

[57]Zhao J, Yuan X, Liu H, et al. The boundary between the Indian and Asian tectonic plates below Tibet [J]. Proc. Natl. Acad. Sci. U. S. A., 2010, 107(25): 11229 – 11233.

[58]Tapponnier P, Peltzer G, Le Dain A Y, et al. Propagating extrusion tectonics in Asia: New insights from simple experiments with plasticine [J]. Geology, 1982, 10(12): 611 – 616.

[59]England P, Houseman G. Finite strain calculations of continental deformation 2. Comparison with the India-Asia collision zone [J]. J. Geophys. Res., 1986, 91(B3): 3664 – 3676.

[60]England P, Molnar P. Active deformation of Asia: From kinematics to dynamics [J]. Science, 1997, 278(5338): 647 – 650.

[61]Shen Z K, Lü J, Wang M, et al. Contemporary crustal deformation around the southeast borderland of the Tibetan Plateau [J]. J. Geophys. Res., 2005, 110, B11409, doi: 10. 1029/2004JB003421.

[62]Thatcher W. Microplate model for the present-day deformation of Tibet [J]. J. Geophys. Res., 2007, 112(B1), B01401.

[63]Meade B J. Present-day kinematics at the India-Asia collision zone [J]. Geology, 2007, 35(1): 81 – 84.

[64]Yao H, van der Hilst R D, Montagner, J P. Heterogeneity and anisotropy of the lithosphere of SE Tibet from surface wave array tomography [J]. J. Geophys. Res., 2010, 115(B12).

[65]Xu L, Rondenay S, van der Hilst R D. Structure of the crust beneath the southeastern Tibetan Plateau from teleseismic receiver functions [J]. Phys. Earth Planet. Inter., 2007, 165(3): 176 – 193.

[66]Sun Y, Niu F, Liu H, et al. Crustal structure and deformation of the SE Tibetan plateau revealed by receiver function data [J]. Earth Planet. Sci. Lett., 2012, 349: 186 – 197.

[67]Bai D H, Unsworth M J, Meju M A, et al. Crustal deformation of the eastern Tibetan plateau revealed by magnetotelluric imaging [J]. Nat. Geosci., 2010, 11: 1 – 5.

[68]Rippe D, Unsworth M. Quantifying crustal flow in Tibet with magnetotelluric data [J]. Phys. Earth Planet. In., 2010, 179: 107 – 121.

[69]Lev E, Long M D, van der Hilst R D. Seismic anisotropy in Eastern Tibet from shear wave splitting reveals changes in lithospheric deformation [J]. Earth Planet. Sci. Lett., 2006,

251(3): 293 - 304.

[70]Flesch L M, Holt W E, Silver P G, et al. Constraining the extent of crust-mantle coupling in central Asia using GPS, geologic, and shear wave splitting data [J]. Earth Planet. Sci. Lett. , 2005, 238(1): 248 - 268.

[71]Sol S, Meltzer A, Burgmann R, et al. Geodynamics of the southeastern Tibetan plateau from seismic anisotropy and geodesy [J]. Geology, 2007, 35: 563 - 566.

[72]Wang C Y, Flesch L M, Silver P G, et al. Evidence for mechanically coupled lithosphere in central Asia and resulting implications [J]. Geology, 2008, 36(5): 363 - 366.

[73]Barrell J. The strength of the Earth's crust. V. The depth of masses producing gravity anomalies and deflection residual [J]. J. Geol., 1914, 22(5, 6), 441 - 468, 537 - 555.

[74]Vening Meinesz F A. Comments on Isostasy [M]. In Bowie, W. (ed.), Comments on Isostasy. Washington DC: National Research Council, 1932: 27.

[75]Gunn R. A quantitative study of mountain building on an unsymmetrical earth [J]. J. Franklin Inst., 1937, 224: 19 - 53.

[76]Gunn R. A quantitative evaluation of the influence of the lithosphere on the anomalies of gravity [J]. J. Franklin Inst., 1943, 236: 47 - 65.

[77]Gunn R. Quantative aspects of Juxtaposed Ocean Deeps, Mountain Chains and Volcanic Ranges [J]. Geophysics, 1947, 12: 238 - 255.

[78]Walcott R I. Flexural rigidity, thickness and viscosity of the lithosphere [J]. J. Geophys. Res., 1970, 75: 3941 - 3954.

[79]Burov E B, Diament M Isostasy, equivalent elastic thickness and rheology of continents and oceans [J]. Geology, 1996, 24: 419 - 422

[80]Burov E B. Rheology and strength of the lithosphere [J]. Marine and Petroleum Geology, 2011, 28: 1402 - 1443.

[81]Pérez-Gussinyé M, Lowry A R, Watts A B, et al. On the recovery of effective elastic thickness using spectral methods: Examples from synthetic data and from the Fennoscandian Shield [J]. J. Geophys. Res., 2004, 109, B10409, doi: 10.1029/2003JB002788. M.

[82]Lowry A R, Smith R B. Strength and rheology of the western US Cordillera [J]. J. Geophys. Res., 1995, 100(B9): 17947 - 17963, doi: 10.1029/95JB00747.

[83]Kirby J F. Estimation of the effective elastic thickness of the lithosphere using inverse spectral methods: The state of the art [J]. Tectonophysics, 2014, 631: 87 - 116.

[84]McKenzie D. Estimating Te in the presence of internal loads [J]. J. Geophys. Res., 2003, 108(B9), 2438, doi: 10.1029/2002JB001766.

[85]Simons F J, Zuber M T, Korenaga J. Isostatic response of the Australian lithosphere: Estimation of effective elastic thickness and anisotropy using multitaper spectral analysis [J]. J. Geophys. Res., 2000, 105: 19163 - 19184, doi: 10.1029/2000JB900157.

[86]郑勇, 李永东, 熊熊. 华北克拉通岩石圈有效弹性厚度及其各向异性[J]. 地球物理学报, 2012, 55(11): 3576 - 3590.

[87]Simons F J, van der Hilst R D, Zuber M T. Spatio spectral localization of isostatic coherence anisotropy in Australia and its relation to seismic anisotropy: Implications for lithospheric

deformation [J]. J. Geophys. Res., 2003, 108 (B5), 2250, doi: 10.1029/2001JB000704.

[88] Walcott R I. Flexure of the lithosphere at Hawaii [J]. Tectonophysics, 1970, 9: 435 - 446.

[89] Walcott R I. An isostatic origin for basement uplifts [J]. Can. J. Earth Sci., 1970: 931 - 937.

[90] Walcott R I. Gravity, flexure, and the growth of sedimentary basins at a continental edge [J]. Geol. Soc. Am. Bull., 1972, 83: 1845 - 1848.

[91] Karner G D, Watts A B. Gravity anomalies and flexure of the lithosphere at mountain ranges [J]. J. Geophys. Res., 1983, 88: 10449 - 10477.

[92] Dorman L M, Lewis B T R. Experimental isostasy, 1, Theory of the determination of the earth's isostatic response to a concentrated load [J]. J. Geophys. Res., 1970, 75: 3357 - 3365.

[93] McKenzie D, Bowin C. The relationship between bathymetry and gravity in the Atlantic Ocean [J]. J. Geophys. Res., 1976, 81: 1903 - 1915.

[94] Forsyth D W. Subsurface loading estimates of the flexural rigidity of continental lithosphere [J]. J. Geophys. Res., 1985, 90: 12623 - 12632.

[95] Goetze C, Evans B. Stress and temperature in the bending lithosphere as constrained by experimental rock mechanics [J]. Geophys. J. R. astr. Soc., 1979, 59: 463 - 478.

[96] Burov E B, Diament M. Flexure of the continental lithosphere with multilayered rheology [J]. Geophys. J. Int., 1992, 109: 449 - 468.

[97] Hetenyi M I. Beams on Elastic Foundations: Theory with Applications in the Fields of Civil and Mechanical Engineering [M]. University of Michigan Press, Ann Arbor, 1979, 255pp.

[98] Jin Y, McNutt M K, Zhu Y. Mapping the descent of Indian and Eurasian plates beneath the Tibetan Plateau from gravity anomalies [J]. J. Geophys. Res., 1996, 101(B5): 11275 - 11290.

[99] Jordan T A, Watts A B. Gravity anomalies, flexure and the elastic thickness structure of the India-Eurasia collisional system [J]. Earth Planet. Sci. Lett., 2005, 236: 732 - 750.

[100] Sheffels B, McNutt M. Role of subsurface loads and regional compensation in the isostatic balance of the transverse ranges, Califorina: evidence for intracontinental subduction [J]. J. Geophys. Res., 1986, 91(B6): 6419 - 6431.

[101] Van Wees J D, Cloetingh S. A finite difference technique to incorporate spatial variation in rigidity and planar faults into 3D models for lithospheric flexure [J]. Geophys. J. Int., 1994, 117: 179 - 196.

[102] Stewart J, Watts A B. Gravity anomalies and spatial vaiations of flexural rigidity at mountain ranges [J]. J. Geophys. Res., 1997, 102(B3): 5327 - 5352.

[103] Stewart J. Gravity anomalies and lithospheric flexure: Implications for the thermal and mechanical evolution of the continental lithosphere [Ph.D. thesis]. Dep. of Earth Sci., Oxford Univ., Oxford, U. K., 1998.

[104] Byerlee J D. Friction of rocks [J]. Pure and Applied Geophysics, 1978, 116(4 - 5): 615 - 626.

[105] Goetze C. The mechanisms of creep in olivine [J]. Philos. Trans. R. Soc. London A.,

1978, 288: 99 – 119.

[106] Bodine J H, Steckler M S, Watts A B. Observations of flexure and the rheology of the oceanic lithosphere [J]. J. Geophys. Res., 1981, 86: 3695 – 3707.

[107] Lago B, Cazenave A. State of stress in the oceanic lithosphere in response to loading [J]. Geophys. J. R. astr. Soc., 1981, 64: 785 – 799.

[108] McNutt M K, Menard H W. Constraints on yield strength in the oceanic lithosphere derived from observations of flexure [J]. Geophys. J. R. Astr. Soc., 1982, 71: 363 – 394.

[109] McAdoo D C, Martin C F, Poulouse S. Seasat observations of flexure: Evidence for a strong lithosphere [J]. Tectonophysics, 1985, 116: 209 – 222.

[110] McNutt M K, Diament M, Kogan M G. Variations of elastic plate thickness at continental thrust belts [J]. J. Geophys. Res., 1988, 93(B8): 8825 – 8838.

[111] Tesauro M, Kaban M K. Cloetingh S, et al. 3D strength and gravity anomalies of the European lithosphere [J]. Earth Planet. Sci. Lett., 2007, 263(1 – 2): 56 – 73.

[112] Tesauro M, Kaban M K, Cloetingh S. How rigid is Europe's lithosphere [J]? Geophys. Res. Lett., 2009a, 36, L16303, doi: 10.1029/2009GL039229.

[113] Tesauro M, Kaban M K, Cloetingh S. A new thermal and rheological model of the European lithosphere [J]. Tectonophysics, 2009b, 476: 478 – 495.

[114] Tesauro M, Kaban M K, Cloetingh S. Global strength and elastic thickness of the lithosphere [J]. Global and Planetary Change, 2012, 90 – 91: 51 – 57.

[115] Maggi A, Jackson J A, McKenzie D, et al. Earthquake focal depths, effective elastic thickness, and the strength of the continental lithosphere [J]. Geology, 2000, 28: 495 –498.

[116] Jackson J. Strength of the continental lithosphere: Time to abandon the jelly sandwich. [J] GSA Today, 2002, 12(9): 4 – 10.

[117] Lewis B T R, Dorman L M. Experimental isostasy, 2, Isostatic model for the U.S.A. derived from gravity and topography data [J]. J. Geophys. Res., 1970, 75: 3367 – 3386.

[118] Burov E B. Watts A B. The long-term strength of continental lithosphere: "jelly sandwich" or "crème-br? lé"? [J] GSA Today, 2006, 16: 4 – 10.

[119] Minshull T A, Brozena J M. Gravity Anomalies and Flexure of the Lithosphere at Ascension Island [J]. Geophys. J. Int., 1997, 131: 347 – 360.

[120] Calmant S, Cazenave A. The effective elastic lithosphere under the Cook-Austral and Society Islands [J]. Earth Planet. Sci. Lett., 1986, 77: 187 – 202.

[121] Calmant S. The elastic thickness of the lithosphere in the Pacific Ocean [J]. Earth Planet. Sci. Lett., 1987, 85: 277 – 288.

[122] Goodwillie A M, Watts A B. An altimetric and bathymetric study of elastic thickness in the central Pacific Ocean [J]. Earth Planet. Sci. Lett., 1993, 118: 311 – 326.

[123] Filmer P E, McNutt M K, Wolee, C.J. Elastic thickness of the lithosphere in the Marquesas and Society Islands [J]. J. Geophys. Res., 1993, 98(11): 19565 – 19577.

[124] Cochran J R. An analysis of isostasy in the world's oceans: 2. Midocean ridge crests [J]. J. Geophys. Res., 1979, 84(B9): 4713 – 4729.

[125]Wang X, Cochran J R. Gravity anomalies, isostasy, and mantle flow at the East Pacific rise crest [J]. J. Geophys. Res., 1993, 98(11): 19505 – 19531.

[126]Verhoef J, Jackson H R. Admittance signatures of rifted and transform margins: examples from eastern Canada [J]. Geophys. J. Int., 1991, 105: 229 – 239.

[127]Watts A B. Gravity anomalies, crustal structure and flexure of the lithosphere at the Baltimore Canyon Trough [J]. Earth Planet. Sci. Lett., 1988, 89: 221 – 238.

[128]Watts A B, Peirce C, Collier J, et al. A seismic study of lithospheric flexure in the vicinity of Tenerife, Canary Islands [J]. Earth Planet. Sci. Lett., 1997, 146: 431 – 447.

[129]Lin A T, Watts A B. Origin of the West Taiwan basin by orogenic loading and flexure of a rifted continental margin [J]. J. Geophys. Res., 2002, 107, 2185, doi: 10.1029/2001JB000669.

[130]Parsons B, Molnar P. The origin of outer topographic rises associated with trenches [J]. Geophys. J. R. astr. SOC., 1976, 45: 707 – 712.

[131]Judge A V, McNutt M K. The relationship between plate curvature and elastic plate thickness: a study of the Peru-Chile Trench [J]. J. Geophys. Res., 1991, 96: 16625 –16639.

[132]Levitt D A, Sandwell D T. Lithospheric bending at subduction zones based on depth soundings and satellite gravity[J]. J. Geophys. Res., 1995, 100: 379 – 400.

[133]马辉, 许鹤华, 施小斌, 等. 南沙海槽前陆盆地热流变结构[J]. 地球科学——中国地质大学学报, 2011, 36(5): 939 – 948.

[134]McNutt M K, Parker R L. Isostasy in Australia and the evolution of the compensation mechanism [J]. Science, 1978, 199: 773 – 775.

[135]Detrick R S, Watts A B. An analysis of isostasy in the world's oceans 3. Aseismic ridges [J]. J. Geophys. Res., 1979, 84(B7): 3637 – 3653.

[136]McNutt M. Implications of regional gravity for state of stress in the earth's crust and upper mantle [J]. J. Geophys. Res., 1980, 85(B11): 6377 – 6396.

[137]Louden K E. A comparison of the isostatic response of bathymetric features in the North Pacific Ocean and the Philippine Sea [J]. Ceophys. J. R. astr. SOC., 1981, 64: 393 –424.

[138]Ribe N M, Watts A B. The distribution of intraplate volcanism in the Pacific Ocean: A spectral approach [J]. Geophys. J. Roy Astr. Soc., 1982, 71: 333 – 362.

[139]Karner G D, Watts A B. On isostasy at Atlantic-type continental margins [J]. J. Geophys. Res., 1982, 87: 2923 – 2948.

[140]Tamsett D. An application of the response function technique to profiles of bathymetry and gravity in the Gulf of Aden [J]. Geophys. J. R. Astron. Soc., 1984, 78: 349 – 369.

[141]McKenzie D, Fairhead D. Estimates of the effective elastic thickness of the continental lithosphere from Bouguer and free air gravity anomalies [J]. J. Geophys. Res., 1997, 102(B12): 27523 – 27552.

[142]Louden K E, Forsyth D W. Crustal structure and isostatic compensation near the Kane fracture zone from topography and gravity measurements—I. Spectral analysis approach

[J]. Geophys. J. Int., 1982, 68(3): 725 – 750.

[143]McNutt M K. Influence of plate subduction on isostatic compensation in northern California [J]. Tectonics, 1983, 2(4): 399 – 415.

[144]Bechtel T D, Forsyth D W, Swain, C. J. Mechanisms of isostatic compensation in the vicinity of the East African Rift, Kenya [J]. Geophys. J. R. Astron. Soc., 1987, 90: 445 –465.

[145]Ebinger C J, Deino A L, Drake R E, et al. Chronology of volcanism and rift basin propagation: Rungwe volcanic province, East Africa [J]. J. Geophys. Res., 1989, 94(B11): doi: 10.1029/89JB01088.

[146]Blackman D, Forsyth D. Isostatic compensation of tectonic features of the Mid-Atlantic Ridge: 25 – 27°30′S [J]. J. Geophys. Res., 1991, 96(B7): doi: 10.1029/91JB00602.

[147]Jin Y, McNutt M K, Zhu Y S. Evidence from gravity and topography data for folding of Tibet [J]. Nature, 1994, 371(20): 669 – 674.

[148]Macario A, Malinverno A, Haxby W. On the robustness of elastic thickness estimates obtained using the coherence method [J]. J. Geophys. Res., 1995 100(B8): doi: 10.1029/95JB00980.

[149]Lowry A R, Smith R B. Flexural rigidity of the Basin and Range Colorado Plateau-Rocky Mountain transition from coherence analysis of gravity and topography [J]. J. Geophys. Res., 1994, 99: 20123 – 20140.

[150]Thompson D J. Spectrum estimation and harmonic analysis [M]. Proc. IEEE, 1982, 70: 1055 – 1096.

[151]Audet P, Mareschal J. Anisotropy of the flexural response of the lithosphere in the Canadian Shield [J]. Geophys. Res. Lett., 2004, 31(20): doi: 10.1029/2004GL021080.

[152]Stark C P, Stewart J, Ebinger C J. Wavelet transform mapping of effective elastic thickness and plate loading: Validation using synthetic data and application to the study of southern African tectonics [J]. J. Geophys. Res., 2003, 108(B12), 2558, doi: 10.1029/2001JB000609.

[153]Kirby J F, Swain C J. Global and local isostatic coherence from the wavelet transform [J]. Geophys. Res. Lett., 2004, 31(24), L24608, doi: 10.1029/2004GL021569.

[154]Swain C J, Kirby J F. An effective elastic thickness map of Australia from wavelet transforms of gravity and topography using Forsyth's method [J]. Geophys. Res. Lett., 2006, 33, L02314, doi: 10.1029/2005GL025090.

[155]Tassara A, Swain C J, Hackney R I, et al. Elastic thickness structure of South America estimated using wavelets and satellite-derived gravity data [J]. Earth Planet. Sci. Lett., 2007, 253: 17 – 36.

[156]Audet P, Mareschal J C. Wavelet analysis of the coherence between Bouguer gravity and topography: Application to the elastic thickness anisotropy in the Canadian Shield [J]. Geophys. J. Int., 2007, 168(1): 287 – 298.

[157]Pérez-Gussinyé M, Lowry A R, Watts A B. Effective elastic thickness of South America and its implications for intracontinental deformation [J]. Geochem. Geophys. Geosyst., 2007,

8, Q05009, doi: 10.1029/2006GC001511.

[158] Pérez-Gussinyé M, Swain C J, Kirby J F, et al. Spatial variations of the effective elastic thickness, Te, using multitaper spectral estimation and wavelet methods: examples from synthetic data and application to South America [J]. Geochem. Geophys. Geosyst., 2009, 10, Q04005. doi: 10.1029/2008GC002229.

[159] Pérez-Gussinyé M, Metois M, Fernández, et al. Effective elastic thickness of Africa and its relationship to other proxies for lithospheric structure and surface tectonics [J]. Earth Planet. Sci. Lett., 2009, 287: 152 – 167.

[160] Kirby J F, Swain C J. A reassessment of spectral Te estimation in continental interiors: the case of North America [J]. J. Geophys. Res., 2009, 114, B08401, doi: 10.1029/2009JB006356.

[161] Stephenson R, Lambeck K. Isostatic response of the lithosphere with in-plane stress: Application to central Australia [J]. J. Geophys. Res., 1985, 90(B10), 8581 – 8588.

[162] Bechtel T D. Mechanisms of isostatic compensation in East Africa and North America (Doctoral dissertation). Brown University, 1989.

[163] Mao X, Wang Q, Liu S, et al. Effective elastic thickness and mechanical anisotropy of South China and surrounding regions [J]. Tectonophysics, 2012, 550: 47 – 56.

[164] 李永东, 郑勇, 熊熊, 等. 青藏高原东北部岩石圈有效弹性厚度及其各向异性[J]. 地球物理学报, 2013: 1132 – 1145.

[165] Lyon-Caen H, Molnar P. Gravity anomalies and the structure of western Tibet and the southern Tarim Basin [J]. Geophys. Res. Lett., 1984, 11(12): 1251 – 1254.

[166] Wang Y. Heat flow pattern and lateral variations of lithosphere strength in China mainland: constraints on active deformation [J]. Physics of the Earth and Planetary Interiors, 2001, 126(3): 121 – 146.

[167] Braitenberg C, Wang Y, Fang J, et al. Spatial variations of flexure parameters over the Tibet-Quinghai plateau. Earth Planet. Sci. Lett., 2003, 205: 211 – 224.

[168] 赵俐红, 姜效典, 金煜, 等. 中国西部大陆岩石圈的有效弹性厚度研究[J]. 地球科学——中国地质大学学报, 2004, 29(2): 183 – 190.

[169] Fielding E J, McKenzie D. Lithospheric flexure in the Sichuan Basin and Longmen Shan at the eastern edge of Tibet [J]. Geophys. Res. Lett., 2012, 39, L09311, doi: 10.1029/2012GL051680.

[170] Zhang Z, Deng Y, Chen L, et al. Seismic structure and rheology of the crust under mainland China [J]. Gondwana Res., 2013, 23: 1455 – 1483.

[171] 孙玉军, 董树文, 范桃园, 等. 中国大陆及邻区岩石圈三维流变结构[J]. 地球物理学报, 2013, 56(9): 2936 – 2946.

[172] Chen B, Chen C, Kaban M K, et al.. Variations of the effective elastic thickness over China and surroundings and their relation to the lithosphere dynamics [J]. Earth Planet. Sci. Lett., 2013, 363: 61 – 72, doi: 10.1016/j.epsl.2012.12.022.

[173] Rajesh R S, Stephen J, Mishra D C. Isostatic response and anisotropy of the Eastern Himalayan-Tibetan Plateau: A reappraisal using multitaper spectral analysis [J]. Geophys.

Res. Lett. , 2003, 30(2): 1060, doi: 10. 1029/2002GL016104.

[174]Kirby J F, Swain C J. An accuracy assessment of the fan wavelet coherence method for elastic thickness estimation [J]. Geochem. Geophys. Geosyst. , 2008, 9, Q03022, doi: 10. 1029/2007GC001773.

[175]Timoshenko S P, Woinowsky-Krieger, S. Theory of Plates and Shells [M]. 2nd ed. McGraw-Hill, New York, 1959.

[176]Gahli A, Neville A M. Structural Analysis: A Unified Classical and Matrix Approach [M]. 3rd ed. Chapman and Hall, New York, 1989, 870pp.

[177]Parker R L. The rapid calculation of potential anomalies [J]. Geophys. J. R. Astron. Soc. , 1972, 31: 447 – 455.

[178]Percival D B, Walden A T. Spectral analysis for physical applications [M]. Cambridge University Press, 1993.

[179]Kirby J F. Which wavelet best reproduces the Fourier power spectrum [J]? Computers & Geosciences, 2005, 31(7): 846 – 864.

[180]Kirby J F, Swain, C. J. Power spectral estimates using two-dimensional Morlet-fan wavelets with emphasis on the long wavelengths: jackknife errors, bandwidth resolution and orthogonality properties [J]. Geophys. J. Int. , 2013, 194: 78 – 99.

[181]Addison P S. The Illustrated Wavelet Transform Handbook [M]. Institute of Physics Publishing, Bristol, UK, 2002, 353pp.

[182]Thomson D J, Chave A D. Jackknifed error estimates for spectra, coherences, and transfer functions [M]. In Haykin, S. (Ed.), Advances in Spectrum Analysis and Array Processing, vol. 1. Prentice Hall, Englewood Cliffs, N. J. , 1991, pp. 58 – 113.

[183]Thomson D J. Jackknifing multitaper spectrum estimates [J]. IEEE Signal Processing Magazine, 2007, 24(4): 20 – 30.

[184]Press W H, Teukolsky S A, Vetterling W T, et al. Numerical Recipes in Fortran 77 [M]. 2nd edn. Cambridge University Press, Cambridge, 1992, 933pp.

[185]Kirby J F, Swain C J, 2006. Mapping the mechanical anisotropy of the lithosphere using a 2D wavelet coherence, and its application to Australia [J]. Phys. Earth Planet. Inter. 158(2), 122 – 138.

[186]Peitgen H – O, Saupe D. The Science of Fractal Images [M]. Springer, NewYork, 1988, 312pp.

[187]Turcotte D. Fractals and Chaos in Geology and Geophysics [M]. 2nd edn. Cambridge, UK: Cambridge Univ. Press, New York, 1997, 398 pp.

[188]Swain C J, Kirby J F. The effect of 'noise' on estimates of effective elastic thickness of the continental lithosphere by the coherence method [J]. Geophy. Res. Lett. , 2003, 30, 1574, doi: 10. 1029/2003GL017070.

[189]Crosby A. An assessment of the accuracy of admittance and coherence estimates using synthetic data [J]. Geophys. J. Int. , 2007, 171: 25 – 54.

[190]Willett S D, Beaumont C. Subduction of Asian lithospheric mantle beneath Tibet inferred from models of continental collision [J]. Nature, 1994, 369(6482): 642 – 645, doi:

10. 1038/369642a0.

［191］England P, Houseman G. Extension during continental convergence, with application to the Tibetan Plateau ［J］. J. Geophys. Res. , 1989, 94(B12): 17561 – 17579, doi: 10. 1029/JB094iB12p17561.

［192］Dewey J F, Shackleton R M, Chang C, et al. The tectonic evolution of the Tibetan Plateau ［M］. Phil. Trans. R. Soc. Lond. , Series A, Mathematical and Physical Sciences, 1988, 327(1594): 379 – 413, doi: 10. 1098/rsta. 1988. 0135.

［193］Burchfiel B C, Deng Q, Molnar P, et al. Intracrustal detachment within zones of continental deformation ［J］. Geology, 1989, 17(8): 748 – 752.

［194］Meyer B, Tapponnier P, Bourjot L, et al. Crustal thickening in Gansu-Qinghai, lithospheric mantle subduction, and oblique, strike-slip controlled growth of the Tibet plateau ［J］. Geophys. J. Int. , 1998, 135(1): 1 – 47.

［195］Amante C, Eakins B W. ETOPO1 1 Arc-Minute Global Relief Model: Procedures, Data Sources and Analysis. NOAA Technical Memorandum NESDIS NGDC – 24, 2009, 19 pp.

［196］Laske G, Masters G, Ma Z, et al. Update on CRUST1.0 – A 1 – degree Global Model of Earth's Crust, Geophys. Res. Abstracts, 15, Abstract EGU2013 – 2658, 2013.

［197］Förste C, Bruinsma S L, Shako R, et al. A new release of EIGEN – 6: the latest combined global gravity field model including LAGEOS, GRACE and GOCE data from the collaboration of GFZ Potsdam and GRGS Toulouse. Geophys. Res. Abstr. 14. EGU2012 – 2821 – 2, EGU General Assembly 2012.

［198］杜劲松, 陈超, 梁青, 等. 球冠体积分的重力异常正演方法及其与 Tesseroid 单元体泰勒级数展开方法的比较［J］. 测绘学报, 2012, 41(3): 339 – 346.

［199］Stolk W, Kaban M K, Beekman F, et al. High resolution regional crustal models fromirregularly distributed data: Application to Asia and adjacent areas ［J］. Tectonophysics, 2013, 602: 55 – 68.

［200］Cattin R, Martelet G, Henry P, et al. Gravity anomalies, crustal structure and thermo-mechanical support of the Himalaya of central Nepal ［J］. Geophys. J. Int. , 2001, 147(2): 381 – 392, doi: 10. 1046/j. 0956 – 540x. 2001. 01541. x.

［201］Royden L H. The tectonic expression slab pull at continental convergent boundaries ［J］. Tectonics, 1993, 12(2): 303 – 325, doi: 10. 1029/92TC02248.

［202］Caporali A. Gravity anomalies and the flexure of the lithosphere in the Karakoram, Pakistan ［J］. J. Geophys. Res. 1995, 100(B8): 15075 – 15085, doi: 10. 1029/95JB00613.

［203］Rajesh R S, Mishra, D. C. Lithospheric thickness and mechanical strength of the Indian shield. Earth Planet. Sci. Lett. , 2004, 225(3): 319 – 328.

［204］Hetényi G, Cattin R, Vergne J, et al. The effective elastic thickness of the India Plate from receiver function imaging, gravity anomalies and thermomechanical modelling ［J］. Geophys. J. Int. , 2006, 167(3): 1106 – 1118.

［205］Ratheesh-Kumar R T, Windley B F, Sajeev K. Tectonic inheritance of the Indian Shield: New insights from its elastic thickness structure ［J］. Tectonophysics, 2014, 615: 40 – 52.

［206］Caporali A. Buckling of the lithosphere in western Himalaya: Constraints from gravity and topography data [J]. J. Geophys. Res., 2000, 105(B2): 3103 – 3113, doi: 10. 1029/1999JB900389.

[207]Jiang X, Jin Y, McNutt M K. Lithospheric deformation beneath the Altyn Tagh and West Kunlun faults from recent gravity surveys [J]. J. Geophys. Res., 2004, 109, B05406, doi: 10. 1029/2003JB002444.

[208]Yang Y, Liu M. Cenozoic deformation of the Tarim plate and the implications for mountain building in the Tibetan Plateau and the Tian Shan [J]. Tectonics, 2002, 21(6): 1059.

[209]Masek J G, Isacks B L, Fielding E J, et al. Rift flank uplift in Tibet: Evidence for a viscous lower crust [J]. Tectonics, 1994, 13(3): 659 – 667, doi: 10. 1029/94TC00452.

[210]Jiang X, Jin Y. Mapping the deep lithospheric structure beneath the eastern margin of the Tibetan Plateau from gravity anomalies [J]. J. Geophys. Res., 2005, 110, B07407, doi: 10. 1029/2004JB003394.

[211]Naqvi S M, Rogers J J W. Precambrian geology of India [M]. New York, Oxford University Press, 1987, 223p.

[212]Rai S, Priestley K, Suryaprakasam K, et al. Crustal shear velocity structure of the south Indian shield [J]. J. Geophys. Res., 2003, 108(B2), doi: 10. 1029/2002JB001776.

[213]Shapiro N, Ritzwoller M. Monte-Carlo inversion for a global shear-velocity model of the crust and upper mantle [J]. Geophys. J. Int., 2002, 151: 88 – 105, doi: 10. 1046/j. 1365 – 246X. 2002. 01742. x.

[214]Replumaz A, Kárason H., van der Hilst R D, et al. 4 – D evolution of SE Asia's mantle from geological reconstructions and seismic tomography [J]. Earth Planet. Sci. Lett., 2004, 221(1): 103 – 115, doi: 10. 1016/S0012 – 821X(04)00070 – 6.

[215]Kind R, Yuan X. Seismic images of the biggest crash on Earth [J]. Science, 2010, 329(5998): 1479 – 1480, doi: 10. 1126/science. 1191620.

[216]Bijwaard H, Spakman W. Non-linear global P-wave tomography by iterated linearized inversion [J]. Geophys. J. Int., 2000, 141(1): 71 – 82, doi: 10. 1046/j. 1365 – 246X. 2000. 00053. x.

[217]Barazangi M, Ni J. Velocities and propagation characteristics of Pn and Sn beneath the Himalayan arc and Tibetan plateau: Possible evidence for underthrusting of Indian continental lithosphere beneath Tibet [J]. Geology, 1982, 10(4): 179 – 185.

[218]McNamara D E, Walter W R, Owens T J, et al. Upper mantle velocity structure beneath the Tibetan Plateau from Pn travel time tomography [J]. J. Geophys. Res., 1997, 102(B1): 493 – 505, doi: 10. 1029/96JB02112.

[219]Makovsky Y, Klemperer S L. Measuring the seismic properties of Tibetan bright spots: Evidence for free aqueous fluids in the Tibetan middle crust [J]. J. Geophys. Res. Solid Earth, 1999, 104(B5): 10795 – 10825.

[220]Kind R, Ni J, Zhao W, et al. Evidence from earthquake data for a partially molten crustal layer in southern Tibet [J]. Science, 1996, 274(5293): 1692 – 1694, doi: 10. 1126/science. 274. 5293. 1692.

[221]Hung S H, Chen W P, Chiao L Y, et al. First multi-scale, finite-frequency tomography

illuminates 3 – D anatomy of the Tibetan Plateau [J]. Geophys. Res. Lett. , 2010, 37(6), doi: 10. 1029/2009GL041875.

[222] Unsworth M J, Jones A G, Wei W, et al. Crustal rheology of the Himalaya and Southern Tibet inferred from magnetotelluric data [J]. Nature, 2005, 438(7064): 78 – 81, doi: 10. 1038/nature04154.

[223] Patro P K, Harinarayana T. Deep geoelectric structure of the Sikkim Himalayas (NE India) using magnetotelluric studies [J]. Phys. Earth Planet. Inter. , 2009, 173(1): 171 – 176.

[224] Alsdorf D, Nelson D. Tibetan satellite magnetic low: Evidence for widespread melt in the Tibetan crust [J]? Geology, 1999, 27(10): 943 – 946.

[225] Chen W P, Molnar P. Focal depths of intracontinental and intraplate earthquakes and their implications for the thermal and mechanical properties of the lithosphere [J]. J. Geophys. Res. , 1983, 88(B5): 4183 – 4214, doi: 10. 1029/JB088iB05p04183.

[226] Chen W P, Yang Z. Earthquakes beneath the Himalayas and Tibet: Evidence for strong lithospheric mantle [J]. Science, 2004, 304(5679): 1949 – 1952, doi: 10. 1126/science. 1097324.

[227] Barron J, Priestley K. Observations of frequency-dependent Sn propagation in northern Tibet [J]. Geophys. J. Int. , 2009, 179(1): 475 – 488.

[228] Wei W, Unsworth M, Jones A, et al. Detection of widespread fluids in the Tibetan crust by magnetotelluric studies [J]. Science, 2001, 292(5517): 716 – 719.

[229] Unsworth M, Wei W, Jones A G, et al. Crustal and upper mantle structure of northern Tibet imaged with magnetotelluric data [J]. J. Geophys. Res. , 2004, 109(B2), doi: 10. 1029/2002JB002305.

[230] Arnaud N O, Vidal P, Tapponnier P, et al. The high K2O volcanism of northwestern Tibet: Geochemistry and tectonic implications [J]. Earth Planet. Sci. Lett. , 1992, 111(2): 351 – 367.

[231] Turner S, Hawkesworth C, Liu J, et al. Timing of Tibetan uplift constrained by analysis of volcanic rocks [J]. Nature, 1993, 364(6432): 50 – 54, doi: 10. 1038/364050a0.

[232] Wang E, Burchfiel B C. Late Cenozoic right-lateral movement along the Wenquan fault and associated deformation: implications for the kinematic history of the Qaidam Basin, northeastern Tibetan Plateau [J]. Int. Geol. Rev. , 2004, 46(10): 861 – 879.

[233] Chen Z, Burchfiel B C, Liu Y, et al. Global Positioning System measurements from eastern Tibet and their implications for India/Eurasia intercontinental deformation [J]. J. Geophys. Res. , 2000, 105(B7): 16215 – 16227, doi: 10. 1029/2000JB900092.

[234] Shen Z K, Wang M, Li Y, et al. Crustal deformation along the Altyn Tagh fault system, western China, from GPS [J]. J. Geophys. Res. , 2001, 106(B12): 30607 – 30621, doi: 10. 1029/2001JB000349.

[235] Wang Q, Zhang P Z, Freymueller J, et al. Present-day crustal deformation in China constrained by Global Positioning System (GPS) measurements [J]. Science, 2001, 294: 574 – 577.

[236] Zhang P Z, Shen Z, Wang M, et al. Continuous deformation of the Tibetan Plateau from

global positioning system data [J]. Geology, 2004, 32: 809 – 812, doi: 10.1130/G20554.1.

[237]Kumar P, Yuan X, Kind R, et al. The lithosphere-asthenosphere boundary in the Tien Shan-Karakoram region from S receiver functions: Evidence for continental subduction [J]. Geophys. Res. Lett., 2005, 32, L07305, doi: 10.1029/2004GL022291.

[238]Ren Y, Shen Y. Finite frequency tomography in southeastern Tibet: evidence for the causal relationship between mantle lithosphere delamination and the north-south trending rifts [J]. J. Geophys. Res., 2008, 113, B10316, doi: 10.1029/2008JB005615.

[239]Liang C, Song X. A low velocity belt beneath northern and eastern Tibetan Plateau from Pn tomography [J]. Geophys. Res. Lett., 2006, 33, L22306, doi: 10.1029/2006GL027926.

[240]Wang C Y, Chan W W, Mooney W D. Three-dimensional velocity structure of crust and upper mantle in southwestern China and its tectonic implications [J]. J. Geophys. Res., 2003, 108(B9).

[241]Huang J, Zhao D, Zheng S. Lithospheric structure and its relationship to seismic and volcanic activity in southwest China [J]. J. Geophys. Res., 2002, 107(B10), ESE – 13.

[242]Hu S B, He L J, Wang J Y. Heat flow and thermal regimes in the continental area of China: a new data set [J]. Earth Planet. Sci. Lett., 2000, 179(2): 407 – 19.

[243]Tao W, Shen Z. Heat flow distribution in Chinese continent and its adjacent areas [J]. Prog. Nat. Sci., 2008, 18: 843 – 849.

[244]Ni J F, Guzman-Speziale M, Bevis M, et al. Accretionary tectonics of Burma and the three-dimensional geometry of the Burma subduction zone [J]. Geology, 1989, 17(1): 68 –71.

[245]Kirby J F, Swain C J. On the robustness of spectral methods that measure anisotropy in the effective elastic thickness [J]. Geophys. J. Int., 2014, 199(1): 391 – 401, doi: 10.1093/gji/ggu265.

[246]Simons F J, van der Hilst R D. Seismic andmechanical anisotropy and the past andpresent deformation of the Australian lithosphere [J]. Earth Planet. Sci. Lett., 2003, 211(3): 271 – 286.

[247]Stephenson R, Beaumont C. Small-scale convection in the upper mantle and the isostatic response of the CanadianShield [J]. Mechanisms of Continental Drift and Plate Tectonics, 1980: 111 – 122.

[248]Turcotte D L, Oxburgh E R. Mantle convection and the new global tectonics [J]. Annu. Rev. Fluid Mech., 1972, 4(1): 33 – 66.

[249]Chamoli A, Lowry A R, Jeppson T N. Implications of transient deformation in the northern Basin and Range, western United States [J]. J. Geophys. Res. Solid Earth, 2014, 119: 4393 – 4413, doi: 10.1002/2013JB010605.

[250]Heidbach O, Tingay M, Barth A, et al. The world stress map database release 2008. 2008, doi: 10.1594/GFZ. WSM. Rel2008.

[251]Kreemer C, Holt W E, Haines A J. An integrated global model of present-day plate motions and plate boundary deformation [J]. Geophys. J. Int., 2003, 154: 8 – 34.

[252]Wang J H, Yin A, Harrison T M, et al. A tectonic model for Cenozoic igneous activities in the

eastern Indo-Asian collision zone [J]. Earth Planet. Sci. Lett. , 2001, 188(1): 123 − 133.

[253] Holt W E, Ni J F, Wallace T C, et al. The active tectonics of the eastern Himalayan syntaxis and surrounding regions [J]. J. Geophys. Res. , 1991, 96(B9): 14595 − 14632.

[254] Silver P G. Seismic anisotropy beneath the continents: Probing the depths of geology [J]. Annu. Rev. Earth Planet. Sci. , 1996, 24: 385 − 432.

[255] Huang R, Wang Z, Pei S, et al. Crustal ductile flow and its contribution to tectonic stress in Southwest China [J]. Tectonophysics, 2009, 473(3): 476 − 489.

[256] Wang E, Burchfiel B C. Interpretation of Cenozoic tectonics in the right-lateral accommodation zone between the Ailao Shan shear zone and the eastern Himalayan syntaxis [J]. Int. Geol. Rev, 1997, 39(3): 191 − 219.

[257] Clark M K, Royden L H. Topographic ooze: Building the eastern margin of Tibet by lower crustal flow [J]. Geology, 2000, 28(8): 703 − 706.

[258] Dunbar J A, Sawyer D. Continental rifting at pre-existing lithospheric weaknesses [J]. Nature, 1988, 333: 450 − 452.

[259] Vauchez A, Tommasi A, Barruol G. Rheological heterogeneity, mechanical anisotropy and deformation of the continental lithosphere [J]. Tectonophysics, 1998, 296(1): 61 − 86.